职业技术院校机电类技能训练丛书

迟涛 等 编著

数字制造技术技能实训教程
——数控车床（中册）

U0351199

清华大学出版社

北 京

内 容 简 介

　　《数字制造技术技能实训教程——数控车床》(上、中、下册)是为了适应机械类职业教育培养目标而编写的一套教材,主要面向对象是各类高等职业师范教育院校、高职高专、中职类师生,内容以国家职业技能鉴定数控车工职业标准为基础,考虑了现代制造技术对于数控车床操作人员的专业技能和职业技能的需求,并参考了世界技能竞赛对于数控车工技能的要求。

　　本套教材既可作为各类职业学校数控车工实训课程学习和职业技能鉴定的学习用书,也可作为各类社会培训的参考用书,还可供数控车床操作人员和从事相关工作的技术人员参考。

图书在版编目(CIP)数据

　数字制造技术技能实训教程.数控车床.中册/迟涛等编著.--北京:清华大学出版社,2015
(职业技术院校机电类技能训练丛书)
　ISBN 978-7-302-40001-1

　Ⅰ.①数…　Ⅱ.①迟…　Ⅲ.①数控机床－车床－高等职业教育－教材　Ⅳ.①TH16-39
②TG519.1

　中国版本图书馆 CIP 数据核字(2015)第 086389 号

责任编辑:赵　斌
封面设计:傅瑞学
责任校对:刘玉霞
责任印制:王静怡

出版发行:清华大学出版社
　　　　网　　　址:http://www.tup.com.cn,http://www.wqbook.com
　　　　地　　　址:北京清华大学学研大厦 A 座　　　　邮　　编:100084
　　　　社 总 机:010-62770175　　　　　　　　　　　邮　　购:010-62786544
　　　　投稿与读者服务:010-62776969,c-service@tup.tsinghua.edu.cn
　　　　质 量 反 馈:010-62772015,zhiliang@tup.tsinghua.edu.cn
印 装 者:三河市少明印务有限公司
经　　销:全国新华书店
开　　本:185mm×260mm　　　印　张:10.75　　　字　　数:259 千字
版　　次:2015 年 7 月第 1 版　　　　　　　　　印　　次:2015 年 7 月第 1 次印刷
印　　数:1～2000
定　　价:29.00 元

产品编号:060053-01

职业技术院校机电类技能训练丛书

顾　　问：孟庆国　孙奇涵

丛书主编：张玉洲

编　　委（按姓氏笔画排序）：

王　飞　刘卫华　闫虎民

迟　涛　胡文泉　徐国胜

雷云涛　谭积明　谭　斌

序 言

  天津职业技术师范大学工程实训中心,汇集金工教研室、数控教研室、电子教研室和机电教研室的群体力量,在多年工程训练和职业技能课程实践的基础上,以张玉洲研究员为丛书主编,先后出版了这套20余本的工程训练特色教材。这套教材得以出版,很不容易,是众多的骨干教师和出版社编辑辛勤劳动与智慧的结晶。

  从总体上看,该套特色教材的核心内容分为三个部分:一是常规制造技术实训部分,二是先进制造技术实训部分,三是检测技术、控制技术和智能楼宇技术实训部分。这三部分工程训练的内容,远远超出了原金工实习和电子工艺实习的范畴,而随着我国改革开放的前进步伐,制造业的加速转型与发展,转化为我国应用型高校和职业技术教育工程训练中的系列课程,以及在课程施教中不可或缺的系列教材。

  该套教材以培养应用型人才的实训和应用为鲜明特色,将十多年来我国工程训练领域发展的丰富内涵全面、系统、深刻地展示出来。

  从本人长期进行实践教学的角度看,工程训练中心最核心的功能是培养大学生的工程实践能力。在此过程中,学习不同专业技术领域的工艺知识,增强工程素养和创新精神。这一点,恰恰是在进入大学前经历过多年应试教育的大学生所严重缺乏的。

  事实上,再好的发明创造,都要有能工巧匠按照图纸的技术要求制造出来,精细地装配调试出来。否则,就只能是一堆没有实用价值的图纸。

  可能有人要问,工程实践能力的核心究竟是什么?我认为,工程训练的核心是动手、是实践、是训练,是在动手、实践和训练的过程中获得动手能力。而动手能力,是在工程技术领域中使创新思维和创新设计得以实现的核心功底。

  如果我们仔细观察与细致分析一下,就不难看出,学生实践能力或动手能力的培养是通过工程训练中"三感"的逐渐积累来实现的。

  "三感"之一是感视。它是通过人们眼睛的视觉来观察客观存在的各种事物与现象,观察我们在训练中使用的各种设备和工具,观察在不同训练过程中出现的不同物理现象,观察诸现象中出现的细微乃至难以觉察的差异等。例如,我们在实训过程中不仅会看到常规的车床、铣床,还会看到先进的数控机床和特种加工机床等;不仅会看到平口钳、卡盘、扳手、车刀、钻头、丝锥、板牙、砂轮等,还会看到切削过程中铁屑的不同形态和在不同切削温度下呈现出不同的颜色。所有通过眼睛观察到的静态与动态的这一切,都会汇集到每位同学的脑海中。

  "三感"之二是感触。它是借助我们双手的触觉,通过直接接触所操作设备中的各种手柄和加工工具,来感知不同加工过程中的振动、力度和温度等。例如,在利用钻头钻孔时,通过机床手柄,我们的双手会感受到钻头在切入、正常切削与切出时受力的差异;在利用丝锥攻螺纹时,握住铰杠的双手,不仅会感受到丝锥切入与切出时的差异,而且能够感受到什么时候将丝锥反向转动比较合适。在实训的整个过程中,我们的双手所感触到的一切,也会汇集到每位同学的脑海中。

"三感"中的最后一感是感悟。感悟在"三感"中是极为重要的。它是通过人的大脑,对眼睛感视到的信息、双手感触到的信息进行处理。这个大脑的处理过程,既是分析的过程、推理的过程、归纳的过程,也是记忆和积累的过程,是由浅层次的感性认识上升为深层次的理性认识的过程。人们的知识与经验,乃至理论,经常是这样通过手脑的反复结合来获取的。

在实践中只重视感视与感触,则不能使我们对客观世界的认识升华到高级的程度。只有最后通过感悟,才可以升华到最高的境界。这就是为什么在同样的环境和条件下,有的人水平一般,有的人水平较高,有的人则很了不起的原因所在。我们常说,实践出智慧,实践长才干。智慧和才干,必须在实践中通过感悟才能增长。不善于深入思考的人,只凭借感视和感触,很难有所成就。因此,勤于动手和勤于动脑是绝对不能分开的。我在发表的论文和学术报告中极力主张"深度思维",力求避免"浅度思维",就是基于上述的观点。如果我们培养的学生不懂得"深度思维",那么他们进入大学就不是"深造",而是"浅造"了。

全国劳动模范张秉贵在王府井商店的"一抓就准",倪志福同志举世闻名的群钻发明,刀具大王贵玉鹏的不同刀具刃磨,首钢焊接技术专家刘宏极为精湛的焊接技术,沈飞集团高级技师方文墨在钳工领域实现 0.003mm 加工公差的高超技艺等,都为我们树立了动手、观察和"深度思维"高度结合的榜样。

另外,我在长期的基层教学、科研和管理工作中,经过反复思考,对实践的重要性归纳为下面五句话:

实践是内容最丰厚的教科书;实践是贯彻素质教育最好的课堂;实践是实现创新最重要的源泉;实践是心理自我调理的一剂良药;实践是完成简单到综合、知识到能力、聪明到智慧转化的催化剂。

张玉洲研究员主编的这套富有特色的系列教材,就是在长期实践教学的基础上,针对我国应用型大学和职业技术教育的人才培养特点,以及职业技能培养目标和技能鉴定的需求,进行了合理规划和精心编排。不仅考虑到知识点由浅入深,而且考虑到能力点由简单容易到复杂精细,充分顾及不同专业领域所需要的技能模块与教学单元之间的关系,将知识、能力和素养的培养很好地"融"为一炉,使其能满足应用型大学与职业技术教育的要求。

我希望,我们的每个学生,通过工程训练中心系统的工程实训课程,以及在使用这些具有实训和应用特色的系列教材中,能够学会在实践中观察,在观察中思考,在思考中领悟,并在领悟中得到健康、快速成长。

是为序。

清华大学　傅水根

2015 年元月 30 日

前 言

foreword

　　数控加工技术是现代制造技术的典型代表,在制造业的各个领域,包括船舶、军工、汽车、模具、家电等行业,应用日益广泛,已经成为这些行业不可缺少的加工手段。数控车床则是应用最为普遍的一种数控加工机床。

　　《数字制造技术技能实训教程——数控车床》(上、中、下册)主要是为培养数控车床操作技术人员而编写的。全套丛书从工艺分析、程序编制、零件加工、质量检测等环节出发,结合我国职业教育的特点、职业技能培养目标和技能鉴定要求,以数控车床零件加工为主体,以具体的任务实施为模块,以职业能力为依据,由浅入深、循序渐进地介绍了数控车床操作过程中所涉及的每一个知识点、技能点。每一个模块都是一个完整的工作过程、教学过程的再现,符合人才培养规律。

　　《数字制造技术技能实训教程——数控车床》(中册)文字简练、通俗易懂、图文并茂、操作性强。对应数控车工国家职业标准三级(高级)的要求,既可作为本科学校技能实训课程的教材,以及大专、高职院校数控专业学生的实训教材,也可作为相关教师的参考书、职业培训教材,还可供从事相关工作的技术人员和数控车床操作人员参考。

　　本书由天津职业技术师范大学迟涛等编著。模块1至模块4由迟涛编写,模块5至模块7由张翔宇编写。

　　本书由天津职业技术师范大学徐国胜担任主审。徐国胜老师在审阅过程中,对文稿提出了许多宝贵意见,在此表示衷心的感谢。

　　由于数控技术不断更新,编者水平有限,书中难免有不足之处,恳请广大读者批评指正。

编　者

2015 年 4 月

目 录

contents

模块 ①

孔类零件的车削训练

 学习目的

(1) 提高零件内孔特征读图、识图的能力,充分了解内孔零件加工的特殊性;

(2) 具备独立分析孔类零件加工工艺及走刀路线的能力;

(3) 掌握内孔车刀、钻头的刃磨方法;

(4) 懂得通孔车刀的正确装夹及合理切削用量的选择;

(5) 掌握内孔零件的加工方法,正确使用多种量具对工件进行测量;

(6) 能够分析车削内孔时产生废品的原因及预防措施。

 学习要求

(1) 在熟练掌握外轮廓车削技能、程序编制的前提下,达到掌握内孔简单零件加工方法的目的;

(2) 在掌握外轮廓零件工艺分析的基础上,举一反三,达到具备独立读图、分析加工工艺并制定合理走刀路线的能力;

(3) 学习正确使用机床尾座、钻夹头及变径套的方法,掌握正确钻中心孔、盲孔和通孔的方法;

(4) 在掌握外圆车刀刃磨技能的基础上,学习内孔车刀、钻头的刃磨方法,掌握独立刃磨通孔、盲孔车刀和钻头的技能;

(5) 掌握内孔车削尺寸精度的保证方法;

(6) 具备合理制定内孔刀具切削用量的能力,保证零件内孔表面粗糙度达标;

(7) 能够独立使用内径百分表、内测千分尺对零件内孔进行尺寸测量;

(8) 学习分析内孔尺寸、粗糙度出现误差时的解决方法。

学习重点

(1) 掌握内孔简单零件加工方法;

(2) 独立读图、分析加工工艺并制定合理走刀路线;

（3）独立刃磨通孔、盲孔车刀和钻头；

（4）使用内径百分表、内测千分尺对零件进行尺寸测量。

学习难点

（1）内孔零件加工方法；

（2）使用内径百分表、内测千分尺测量工件。

教学策略

课堂讲授＋现场演练，讲授法、演练法、互动法。

内孔零件在加工中存在切削过程不可见、刀杆易产生颤动、切屑不容易排出等问题，因此在教学中教师需要在进行充分的课堂讲授后，给予同学们一定时间进行讨论，在对不同类型的工艺进行细致透彻的分析和讨论后再采取教师演示的教学方法。

教师课前准备

1. 教学用具

授课计划、纸质及电子教案、课件、黑板、粉笔、多媒体设备、实物样件等。

2. 教学管理物品

实训过程记录表、实训成绩评价标准、实训报告评分标准、实训室使用记录表、仪器设备维护保养卡等。

3. 演示用具

材料：$\phi 35mm \times 32mm$ 的 45 钢毛坯料、成品零件；

刀具：已经刃磨好的内孔车刀、$12mm \times 12mm$ 白钢条、A3 中心钻、$\phi 18mm$ 钻头；

量具：$0\sim150mm$ 游标卡尺、$0\sim25mm$ 外径千分尺、$18\sim35mm$ 内测百分表、$0\sim200mm$ 钢直尺；

辅助工具：钻夹头、变径套、楔铁、上刀扳手、卡盘扳手、毛刷等。

4. 检查实训设备

开机前检查机床外观各部位是否存在异常，如防护罩、脚踏板等部位；检查机床润滑油液是否充足；检查刀架、卡盘、托盘上是否有异物；检查机床面板各旋钮状态；开机后检查机床是否存在报警并完成返回机床参考点操作；检查尾座、套筒是否能够正常使用、移动。

5．训练用具（表 1.1）

表 1.1　训练用具

序号	类别	名　称	规　格	备　注
1	材料	铝棒	ϕ35mm×32mm	
2	刀具	外圆车刀	主偏角 93°	
3			主偏角 45°	
4		内孔车刀	最小加工孔径 16mm 主偏角 93°	加工深度≥35mm,已刃磨好
5		白钢条	12mm×12mm	内孔车刀坯料
7		切断刀	25mm×25mm	4mm 刀宽
8		钻头	ϕ18mm	
9		中心钻	A3	
10	夹具	三爪自定心卡盘		
11	量具	内测百分表	18～35mm	
12		外径千分尺	0～25mm	
13		游标卡尺	0～150mm	
14		钢直尺	0～200mm	
15	工具	钻夹头		
16		变径套	3～4,4～5	
17		楔铁		
18		上刀扳手		
19		卡盘扳手		
20		毛刷		

 学生课前准备

（1）理论知识点准备：外轮廓轴类零件工艺路线的制定、程序编制的方法。

（2）技能知识点准备：掌握普通外圆车刀的基本刃磨方法,能够独立操作数控车床完成外轮廓中等难度零件的加工。

（3）教材及学习用具：本教材、学习笔记、笔、计算器。

（4）衣着准备：工作服、工作帽、工作鞋。

本模块学习过程如图 1.1 所示。

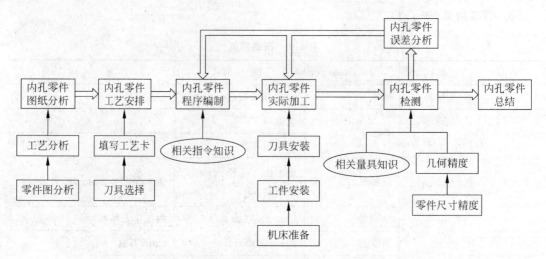

图 1.1　孔类零件车削训练学习过程示意图

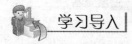

（1）由提问旧知识、与新知识进行对比导入：通过对外轮廓零件的车削知识提问，及时了解学生目前的知识、技能状况，引入内孔车削相关知识，与外轮廓产生鲜明的对比。

（2）由生动的实例导入：通过常见的内轮廓零件及其特点，引入内轮廓零件的车削模块。

1.1　图样与技术要求

如图 1.2 所示两件内孔特征零件，材料为 45 钢，规格为 $\phi35\text{mm}$ 的圆柱棒料，正火处理，硬度 HB200。两个零件所对应的零件图如图 1.3 所示，所对应的评分表见表 1.2。

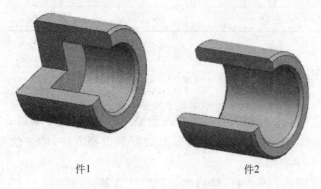

件1　　　　　　　　　件2

图 1.2　内孔零件示意图

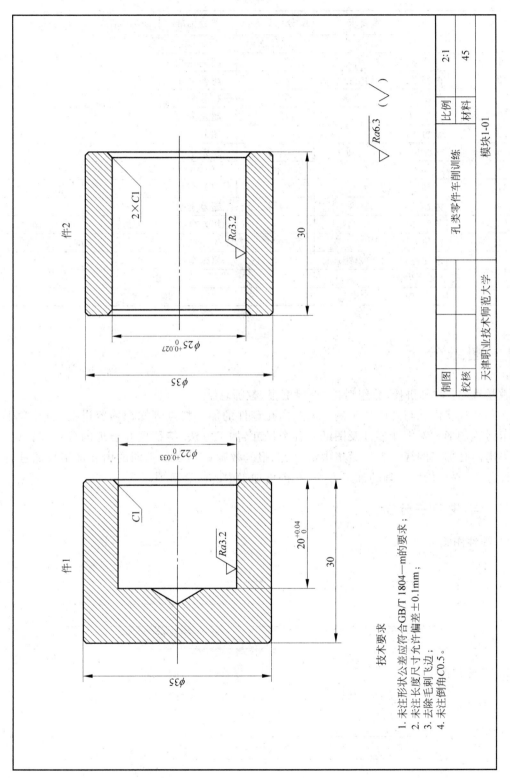

技术要求

1. 未注形状公差应符合GB/T 1804—m的要求；
2. 未注长度尺寸允许偏差±0.1mm；
3. 去除毛刺飞边；
4. 未注倒角C0.5。

图1.3 内孔零件

表 1.2　评分表

序号	项目及技术要求	配分(IT/Ra)	评分标准	检测结果	实得分
件 1					
1	外径 $\phi 35$,$Ra6.3$	7/1	超差全扣		
2	内径 $\phi 22^{+0.033}_{0}$,$Ra3.2$	14/1	超差全扣		
3	长度 30	6	超差全扣		
4	长度 $20^{+0.04}_{0}$	12	超差全扣		
5	倒角 C1(1 处)	4	超差全扣		
6	未注倒角 C0.5(2 处)	3×2	超差全扣		
件 2					
1	外径 $\phi 35$,$Ra6.3$	7/1	超差全扣		
2	内径 $\phi 25^{+0.027}_{0}$,$Ra3.2$	14/1	超差全扣		
3	长度 30	6	超差全扣		
4	倒角 C1(2 处)	4×2	超差全扣		
5	未注倒角 C0.5(2 处)	3×2	超差全扣		
安全文明生产		6			
加工工时		60min			

1.2　图纸分析

教学策略:教师讲授、分组讨论、小组汇报、教师总结。

　　教师首先将内孔与外圆加工的不同及内孔零件的加工特点等知识内容讲授完毕,学生以分组讨论的形式对内孔零件及图纸的各个尺寸、加工方法、特征展开合理的分析和讨论,小组得出内孔加工的统一方案后集中汇总、汇报。教师针对多种不同的内孔加工思路进行总结性分析,提出较为合理的加工方法,并提出加工中的注意事项。

1.2.1　学生自主分析

1. 零件图纸分析

_____

_____

_____

2. 工艺分析

1)结构分析

_____

_____

_____

2）精度分析

_____

_____

_____

_____

3）定位及装夹分析

_____

_____

_____

_____

4）加工工艺分析

_____

_____

_____

_____

1.2.2 参考分析

1. 零件图分析

两个零件的外轮廓都是 $\phi 35$mm 的圆柱，内部分别由一个 $\phi 22$mm、深 20mm 的内孔和 $\phi 25$mm 的通孔组成，两个零件是根据训练、学习的前后顺序而设计的。首先加工件 1 的盲孔工件，然后使用件 1 的坯料继续加工件 2 的通孔工件。

2. 工艺分析

（1）结构分析：两个零件的结构都是外轮廓为简单的直轴，内轮廓为一个盲孔和一个通孔。

（2）精度分析：两个零件的重点尺寸都在内孔中，其中件 1 盲孔中需要保证是孔径 $\phi 22^{+0.033}_{0}$mm 和深度 $20^{+0.04}_{0}$mm 两个尺寸；件 2 通孔中需要保证的是孔径 $\phi 25^{+0.027}_{0}$mm，两件加工中同时需要考虑内孔表面的加工质量。另外，未注公差、倒角、未注倒角等细节精度问题同样需要注意。

（3）定位及装夹分析：本零件采用三爪自定心卡盘进行定位和装夹。工件装夹时的夹紧力要适中，既要防止工件的变形和夹伤，又要防止工件在加工时的松动。装夹过程中应对工件进行找正，以保证各项几何公差。

（4）加工工艺分析：经过以上分析，本课题零件加工时总体安排顺序是，件 1 先加工零件的右端、外圆及内孔全部元素，切断工件后调头找正后车削端面并倒角，保证工件总长尺寸。加工件 2 时，将件 1 重新装夹，继续加工内孔并达到图纸要求，调头后找正零件并车削倒角。

1.3 工艺规程设计

教学策略：分组讨论、小组汇报、教师总结。

以分组讨论的形式对零件提出整体的加工方案，小组得出统一方案后集中汇总、汇报。教师针对多种不同的加工方案进行分析，并提出较为合理的工艺路线。

1.3.1 学生自主设计

1. 主要刀具选择(表 1.3)

表 1.3　刀具卡片

刀具名称	刀具规格名称	材料	数量	刀尖半径/mm	刀宽/mm

2. 工艺规程安排(表 1.4)

表 1.4　工序卡片(可附表)

单位		产品名称及型号	零件名称	零件图号
工序号	程序编号	夹具名称	使用设备	工件材料
工步	工步内容	刀号	切削用量	备注	工序简图

1.3.2 参考分析

1. 主要刀具选择(表1.5)

表1.5 刀具卡片

刀具名称	刀具规格名称	材料	数量	刀尖半径/mm	刀宽/mm
外圆车刀	主偏角90°	YT15	1	0.2	
	主偏角45°	YT15	1	0.3	
93°内孔车刀	主偏角93°	高速钢	1	0.2	
切断刀	25×25	YT15	1		4

2. 工艺规程安排(表1.6)

表1.6 工序卡片(右端)

单位		产品名称及型号	零件名称	零件图号
			盲孔零件	件1
			通孔零件	件2
工序	程序编号	夹具名称	使用设备	工件材料
001	O0001(件1) O0002(件2)	三爪自定心卡盘	SK50	45钢

件1

工步	工步内容	刀号	切削用量	备注	工序简图
1	车端面,钻中心孔	T11	$n=600r/min$ $n=1000r/min$	手动	
2	钻 $\phi18mm$ 盲孔		$n=400r/min$	手动	
3	粗车 $\phi22mm$、深20mm 盲孔,留0.5mm精加工余量	T22	$n=400r/min$ $f=0.15mm/r$ $a_p=1.0mm$	自动加工	
4	精车 $\phi22mm$、深20mm盲孔		$n=800r/min$ $f=0.1mm/r$ $a_p=0.25mm$		

续表

工步	工步内容	刀号	切削用量	备注	工序简图
5	切断工件,总长留出 1mm 余量	T44	$n=300$r/min $f=0.05$mm/r	刀宽 4.0mm 切断工件,注意避免工件磕碰	
6	调头平端面保证总长、车外倒角	T11	$n=600$r/min $f=0.1$mm/r	手动或自动	
			件 2		
1	钻 ϕ18mm 通孔		$n=400$r/min	手动	
2	粗车 ϕ25mm 通孔,留 0.5mm 精加工余量	T22	$n=400$r/min $f=0.15$mm/r $a_p=1.0$mm	自动加工	
3	精车 ϕ25mm 通孔		$n=800$r/min $f=0.1$mm/r $a_p=0.25$mm		
4	调头,车倒角		$n=600$r/min $f=0.1$mm/r	手动或自动	

1.4 程序编制

教学策略:讲授法、比较法、提问法。

内孔零件的加工指令与外轮廓使用的指令完全相同,因此在讲授过程中需要巩固外轮廓程序编制的知识,提出与走刀路线相反的内轮廓零件的程序编制方法,同时需要兼顾加工中不可见、刀具颤动现象产生时程序的调整方法。及时提出各种加工中出现的问题,使同学们能够尽可能多地了解、解决、处理实际生产中的各种问题。

1.4.1 学生自主编程(可附表)

编程卡片样式见表1.7。

表 1.7 编程卡片

序　号	程　序	注　解

1.4.2 参考程序

1. 件 1 加工程序

件 1 左端加工程序见表 1.8。

表 1.8　件 1 左端加工程序卡片

序号	程序	注解
	O0001;	程序号
N1	;	先手动钻中心孔、钻φ18mm 孔,深 25mm,平端面
N2	;	内孔粗加工
	G0 G40 G97 G99 S400 T22 M03 F0.15;	切削条件设定
	X18.0 Z2.0;	粗加工起刀点
	G71 U1.0 R0.5;	内外径粗加工复合循环指令及切削循环参数设置
	G71 P10 Q11 U−0.5 W0;	
N10	G0 G41 X24.0;	
	G01 Z0;	
	X22.0 C1.0;	所加工部位轮廓描述
	Z−20.0;	
N11	G40 X18.0;	
	G0 X200.0 Z200.0;	粗加工完成后,刀具返回退刀点或换刀点
	M05;	主轴停转
	M00	程序暂停
N3	;	内孔精加工
	G0 G40 G97 G99 S800 T22 M03 F0.08;	切削条件设定
	X18.0 Z2.0;	轮廓精加工起刀点
	G70 P10 Q11;	轮廓精加工复合循环指令及切削循环参数设置
	G0 X200.0 Z200.0;	精加工完成后,刀具返回退刀点或换刀点
	M05;	主轴停转
	M30;	程序结束
N4	;	工件切断
	G0 G40 G97 G99 S300 T44 M03 F0.05;	切削条件设定
	X38.0 Z−35.0;	切断刀快速定位
	G01 X21.0;	切断加工
	X38.0 F0.2;	刀具退出
	G0 X200.0 Z200.0;	工件切断完成后,刀具返回退刀点或换刀点
	M05;	主轴停转
	M30;	程序结束

件 1 右端为手动加工端面、倒角。

2. 件 2 加工程序

件 2 加工程序与件 1 加工程序类似,只需要修改循环起点及内孔加工尺寸即可,程序略。

1.5 加工前准备

1. 机床准备（表 1.9）

表 1.9 机床准备卡片

	机械部分				电器部分		数控系统部分			辅助部分	
设备检查	主轴部分	进给部分	刀架部分	尾座	主电源	冷却风扇	电器元件	控制部分	驱动部分	冷却	润滑
检查情况											

注：经检查后该部分完好，在相应项目下打"√"；若出现问题及时报修。

2. 其他注意事项

(1) 安装内孔车刀时，注意控制刀杆伸出的长度及主偏角的角度；
(2) 工件调头装夹时注意控制夹紧力的大小，防止工件变形。

3. 参数设置

(1) 对刀的数值应输入在与程序中该刀具相对应的刀补号中；
(2) 在对刀的数值中应注意输入刀尖半径值和假想刀尖的位置序号。

1.6 实际零件加工

1. 教师演示

(1) 内孔车刀的刃磨；
(2) 内孔车刀的对刀方法、内孔车削方法；
(3) 使用内测百分表测量内孔尺寸。

2. 学生加工训练

训练中，指导教师巡回指导，及时纠正不正确的操作姿势，解决学生练习中出现的各种问题。

1.7 零件测量

教学策略：讲授法、演示法。

重点讲授内测百分表的使用方法及注意事项。由于内测百分表是间接测量量具，因此需要明确提出积累测量误差产生的因素及降低的方法。讲授和演示完毕后可以分组进行实物测量以强化检测的熟练度，提高测量的准确性和稳定性。

1.7.1　参考检测工艺

1. 检查件 1 的内孔尺寸 $\phi 22^{+0.033}_{0}$ mm,检查表面粗糙度 *Ra*3.2

使用 0~25mm 的外径千分尺调整好被测尺寸并锁紧,选用 18~35mm 量程的内测百分表对内孔尺寸进行比较测量,使用外径千分尺校准零位后即可进行尺寸检测。

检查表面粗糙度,用表面粗糙度比较样板进行比较验定。

2. 检查件 1 的内孔深度尺寸 $20^{+0.04}_{0}$ mm 及总长尺寸 30mm

使用游标卡尺的伸缩测杆对孔深 $20^{+0.04}_{0}$ mm 尺寸进行检测,使用游标卡尺检测自由公差 30mm 长度尺寸。

3. 倒角尺寸

使用游标卡尺或目测进行倒角的检测。

4. 件 2 检测

工件 2 的检测方法与件 1 相同,参考工艺略。

1.7.2　检测并填写记录表

教学策略:小组互检、个人验证、教师抽验。

首先以小组为单位进行互检,由检测同学按评分表给出一个互检成绩;然后个人对自己加工的工件进行自检并与互检成绩的检测结果进行比较,从中发现问题尺寸并找出检测出现不同结果的原因,更正出现失误的尺寸环节;最后由教师对学生的零件进行抽样检测,并针对出现的问题集中解释出现测量误差的原因,提出改进的方法。

1.8　内孔加工注意事项

1. 教学策略:学生反馈、讲授法、提问法

针对学生出现加工误差并及时反馈的情况,教师进行集中汇总,针对出现的较多情况采用讲授的方法指导学生了解出现的原因;对于出现概率不大或没有出现的情况,教师采用提问的方法引导学生自主分析加工误差产生的原因。

2. 内孔加工注意事项

(1) 内孔车刀装夹时,刀尖必须与工件中心等高或稍高一些,如装得低于工件中心,由于切削力的作用,容易产生"扎刀"现象,使孔径车削过大;

(2) 内孔车刀装夹后,在正式切削前,应采取手摇的方式接近工件,并使刀具在毛坯孔内试走一遍,以防车孔时由于刀杆装斜与内孔表面发生干涉;

(3) 车削时,由于刀杆刚性较差,容易引起振动,因此切削用量的选取应比车削外圆时小些;

（4）测量内孔时，要注意工件的热胀冷缩现象，特别是薄壁套类零件，要防止因冷缩不当而使孔径超差；

（5）精车内孔时，要保持刀刃锋利，否则容易产生"让刀"而将内孔车成锥形；

（6）加工较小的盲孔或台阶孔时，一般先采用麻花钻钻孔，再用平头钻加工底平面，最后用盲孔刀加工孔径和底面；

（7）车小孔时应随时注意排屑，防止因内孔被切屑堵塞而使工件报废；

（8）用高速钢内孔车刀加工塑性材料时，要采用合适的切削液进行冷却。

1.9　课题小结

1. 教学策略：小组汇报、教师总结

通过小组汇报的方式，教师可以以小组为单位了解各组的工件完成情况及存在的问题，并有针对性地提出下一步的教学方案，对操作较好的学生制定出提高方案，对技能情况掌握不理想的学生提出改进意见。

教师以本课题中提出的学习目标总结学生实际掌握的情况及存在的问题，为下一阶段的学习打下基础。

2. 课题考核

（1）考核方式：日常考核。

（2）考核要求：首先以课题提出的评分标准为一定的考核依据，同时配合学生实际操作中的不同阶段予以分别考核，如学生的操作规范、工件加工、零件检测等环节。

1.10　综合评价

1. 自我评价（表1.10）

表1.10　自我评价表

课题名称				课时				
课题自我评价成绩				任课教师				
类别	序号		自我评价项目	结果	A	B	C	D
编程	1		程序是否能顺利完成加工					
	2		程序是否满足零件的工艺要求					
	3		编程的格式及关键指令是否能正确使用					
	4		程序符合哪种批量的生产					
	5		题目：通过该零件编程你的收获主要有哪些？ 作答：					

类别	序号	自我评价项目	结果	A	B	C	D
编程	6	题目：你设计本程序的主要思路是什么？ 作答：					
	7	题目：你是如何完成程序的完善与修改的？ 作答：					
工件刀具安装	1	刀具安装是否正确					
	2	工件安装是否正确					
	3	刀具安装是否牢固					
	4	工件安装是否牢固					
	5	题目：安装刀具时需要注意的事项主要有哪些？ 作答：					
	6	题目：安装工件时需要注意的事项主要有哪些？ 作答：					
操作与加工	1	操作是否规范					
	2	着装是否规范					
	3	切削用量是否符合加工要求					
	4	刀柄和刀片的选用是否合理					
	5	题目：如何使加工和操作更好地符合批量生产？你的体会是什么？ 作答：					
	6	题目：加工时需要注意的事项主要有哪些？ 作答：					
	7	题目：加工时经常出现的加工误差主要有哪些？ 作答：					

续表

类别	序号	自我评价项目	结果	A	B	C	D
精度检测	1	是否了解本零件测量需要的各种量具的原理及使用					
	2	题目:本零件所使用的测量方法是否已掌握?你认为难点是什么? 作答:					
	3	题目:本零件精度检测的主要内容是什么?采用了何种方法? 作答:					
	4	题目:批量生产时,你将如何检测该零件的各项精度要求? 作答:					
		(本部分综合成绩)合计:					
自我总结							

学生签字:　　　　　　　　　　　　　指导教师签字:

年　月　日　　　　　　　　　　　年　月　日

2. 小组互评(表1.11)

表1.11 小组互评表

序　号	小组评价项目	评价情况
1	与其他同学口头交流学习内容时,是否顺畅	
2	是否尊重他人	
3	学习态度是否积极主动	
4	是否服从教师的教学安排和管理	
5	着装是否符合标准	

序　号	小组评价项目	评价情况
6	是否能正确地领会他人提出的学习问题	
7	是否按照安全规范操作	
8	能否辨别工作环境中哪些是危险的因素	
9	是否合理规范地使用工具和量具	
10	是否能保持学习环境的干净整洁	
11	是否遵守学习场所的规章制度	
12	是否对工作岗位有责任心	
13	能否达到全勤	
14	能否正确地对待肯定与否定的意见	
15	团队学习中主动与合作的情况如何	

参与评价同学签名:

年　　月　　日

3. 教师评价

教师总体评价:

教师签字:_____　　　　　年　　月　　日

 思考题

1. 试述内测百分表的使用方法。
2. 试述车削内孔时产生"扎刀"的原因及预防措施。
3. 循环加工指令 G71 在车削外圆与内孔时的区别有哪些?
4. 试述薄壁零件加工时的注意事项。

 练习题

此处提供 3 个练习件,对应的零件图见图 1.4~图 1.6。

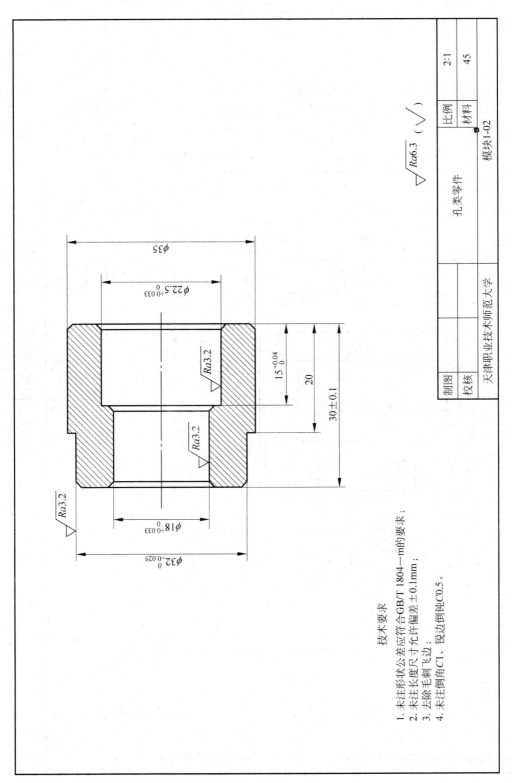

技术要求
1. 未注形状公差应符合GB/T 1804—m的要求；
2. 未注长度尺寸允许偏差±0.1mm；
3. 去除毛刺飞边；
4. 未注倒角C1、锐边倒钝C0.5。

图1.4 内孔练习件1

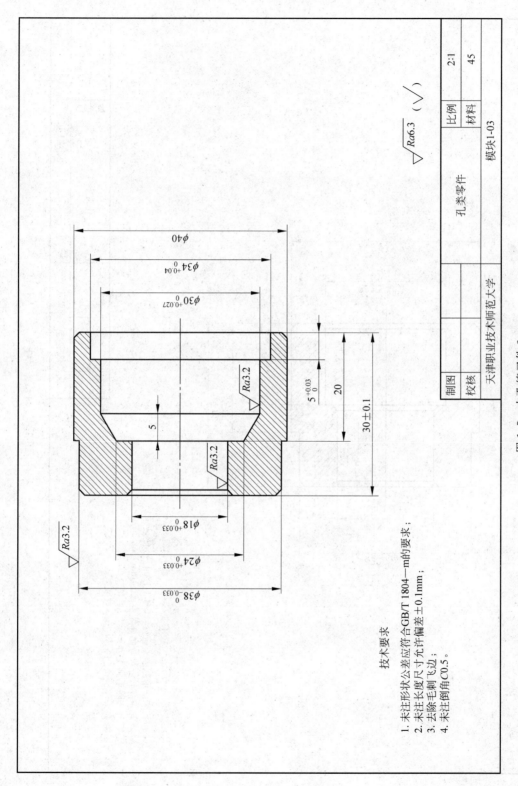

技术要求

1. 未注形状公差应符合GB/T 1804—m的要求;
2. 未注长度尺寸允许偏差±0.1mm;
3. 去除毛刺飞边;
4. 未注倒角C0.5。

图 1.5　内孔练习件 2

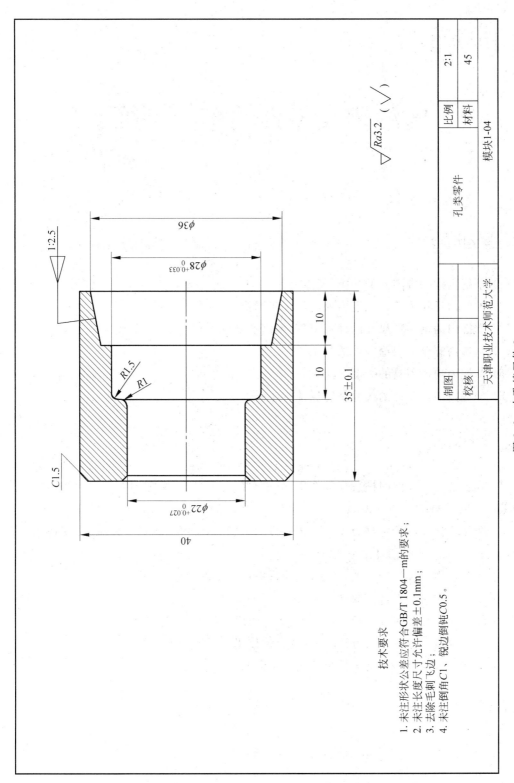

图 1.6 内孔练习件 3

技术要求

1. 未注形状公差应符合GB/T 1804—m的要求；
2. 未注长度尺寸允许偏差±0.1mm；
3. 去除毛刺飞边；
4. 未注倒角C1、锐边倒钝C0.5。

$\sqrt{Ra3.2}$ （ $\sqrt{}$ ）

孔类零件		
制图	比例	2:1
校核	材料	45
天津职业技术师范大学	模块1-04	

模块 2

内沟槽类零件的车削训练

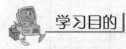 学习目的

(1) 了解内沟槽类零件的分类、特点；

(2) 了解内螺纹零件螺纹退刀槽的加工步骤及注意事项；

(3) 掌握内沟槽零件尺寸的计算、程序编制的方法与技巧；

(4) 掌握内螺纹退刀槽零件的加工；

(5) 掌握内沟槽刀具的刃磨方法；

(6) 掌握内沟槽零件的尺寸精度保证方法。

学习要求

(1) 在了解内孔零件内槽特征的作用、分类等前提下，实现掌握内孔零件内沟槽特征基本加工方法的目的；

(2) 在熟练掌握外轮廓槽类零件工艺安排的基础上，学习内沟槽零件工艺分析的方法、技巧，具备独立制定加工工艺的能力；

(3) 学习使用单段操作方式，控制、检验零件加工中的行进轨迹；

(4) 学习掌握内孔刀具高效、安全的进退刀方法；

(5) 能够独立完成图纸分析、内孔槽类零件程序的编制、尺寸计算等任务；

(6) 掌握内槽刀具的刃磨方法、技巧及合理使用刀具的切削用量；

(7) 掌握多种检测内沟槽零件尺寸精度的方法。

学习重点

(1) 掌握内沟槽类零件的图纸分析、工艺分析及尺寸计算和程序编制方法；

(2) 掌握内沟槽刀具的刃磨方法；

(3) 掌握零件的实际加工方法。

学习难点

（1）掌握内沟槽零件的程序编制及实际加工的方法；

（2）掌握零件的检测方法。

教学策略

课堂讲授＋现场演练，讲授法、演练法、互动法。

内沟槽类零件在加工中存在加工过程不可见、刀具与工件互相镶嵌、切屑不容易排出等问题，因此在教学中教师需要在进行充分的课堂讲授后，给予同学们一定时间进行讨论，在对不同类型的工艺进行细致透彻地分析和讨论后再采取教师演示的教学方法。

教师课前准备

1．教学用具

授课计划、纸质及电子教案、课件、黑板、粉笔、多媒体设备、实物样件等。

2．教学管理物品

实训过程记录表、实训成绩评价标准、实训报告评分标准、实训室使用记录表、仪器设备维护保养卡等。

3．演示用具

材料：外径为 $\phi35mm$、内径为 $\phi25mm$ 的半成品零件（内孔已经加工完毕）、成品零件；

刀具：内沟槽车刀；

量具：0～150mm 游标卡尺、0～200mm 钢直尺、沟槽游标卡尺；

辅助工具：上刀扳手、卡盘扳手、毛刷等。

4．检查实训设备（具体项目）

开机前检查机床外观各部位是否存在异常，如防护罩、脚踏板等部位；检查机床润滑油液是否充足；检查刀架、卡盘、托盘上是否有异物；检查机床面板各旋钮状态；开机后检查机床是否存在报警并完成返回机床参考点操作；检查尾座、套筒是否能够正常使用、移动。

5. 训练用具(表 2.1)

表 2.1　训练用具表

序号	类别	名　称	规　格	备　注
1	材料	铝棒	$\phi40\text{mm}\times37\text{mm}$	
2	刀具	外圆车刀	主偏角 93°	
3			主偏角 45°	
4		内孔车刀	最小加工孔径 16mm，主偏角 93°	加工深度≥35mm
5		内沟槽车刀	最小加工孔径 20mm	切槽深度≥2mm
6	夹具	三爪自定心卡盘		
7	量具	内测百分表	18～35mm	
8		外径千分尺	0～25mm	
9			25～50mm	
10		游标卡尺	0～150mm	
11		沟槽游标卡尺		
12		钢直尺	0～200mm	
13	工具	上刀扳手		
14		卡盘扳手		
15		毛刷		

 学生课前准备

(1) 理论知识点准备：熟悉内沟槽类零件的用途、特点、分类；能够编写简单内沟槽类零件的加工程序。

(2) 技能知识点准备：掌握内孔车刀的基本刃磨方法，能够独立操作数控车床完成简单难度内孔零件的加工。

(3) 教材及学习用具：本教材、学习笔记、笔、计算器。

(4) 衣着准备：工作服、工作帽、工作鞋。

本模块学习过程如图 2.1 所示。

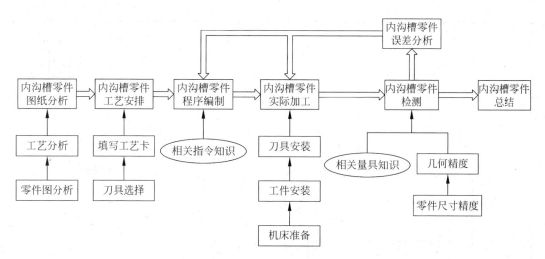

图 2.1　内沟槽类零件车削训练学习过程示意图

 学习导入

（1）由检查、提问旧知识导入：通过对内孔零件的车削知识提问，及时了解学生目前的知识、技能状态。

（2）由生动的实例导入：通过常见的内螺纹退刀槽，引入内沟槽类零件的车削模块。

2.1　图样与技术要求

如图 2.2 所示，件 1 为润滑内沟油槽零件，件 2 为内螺纹退刀槽零件，材料为 45 钢，规格为 ϕ35mm 的圆柱棒料，正火处理，硬度 HB200。两个零件所对应的零件图如图 2.3 所示。

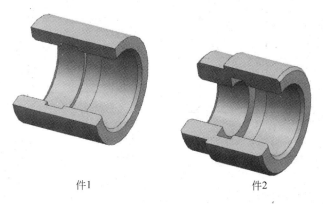

件1　　　　　　件2

图 2.2　内沟槽工件示意图

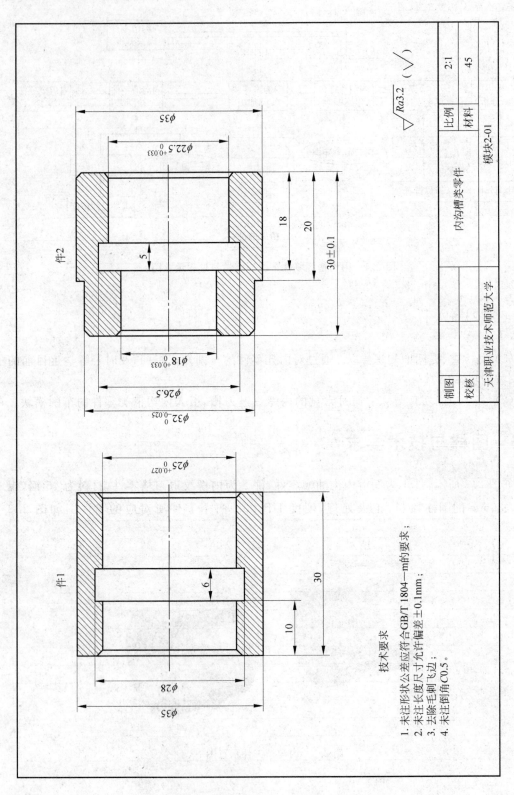

图 2.3　内沟槽类工件

表 2.2 评分表

序号	项目及技术要求	配分(IT/Ra)	评分标准	检测结果	实得分
件 1					
1	内径 $\phi28$,$Ra6.3$	9/1	超差全扣		
2	长度 10	9/1	超差全扣		
3	长度 6	9/1	超差全扣		
4	刀具走刀路线合理性	15	不合理全扣		
件 2					
1	内径 $\phi26.5$,$Ra6.3$	9/1	超差全扣		
2	长度 18	9/1	超差全扣		
3	长度 5	9/1	超差全扣		
4	刀具走刀路线合理性	15	不合理全扣		
安全文明生产		10			
加工工时		120min			

2.2 图纸分析

教学策略：分组讨论、小组汇报、教师总结。

以分组讨论的形式对图纸的各个尺寸、重要部位进行合理分析,小组得出统一图纸分析方案后集中汇总、汇报。教师针对多种不同的图纸分析方案进行总结性分析,提出较为合理的分析结果。

2.2.1 学生自主分析

1. 零件图纸分析

_____

_____

_____

_____

2. 配合图纸分析

_____

_____

_____

_____

3. 工艺分析

1) 结构分析

_____

2) 精度分析

3) 定位及装夹分析

4) 加工工艺分析

2.2.2 参考分析

1. 零件图分析

件1中需要加工的是 $\phi28$mm、长度 6mm 的内沟油槽,该油槽位于 $\phi25$mm 内孔中;件2中需要加工的是 $\phi26.5$mm、长度 5mm 的内螺纹退刀槽,该退刀槽位于 $\phi18$mm 和 $\phi22.5$mm 螺纹底孔的相互衔接位置。

2. 工艺分析

(1) 结构分析:件1零件中的润滑油槽是一般滚动、滑动配合零件较为常见的内部特征,需要考虑的是加工中避免毛刺对零件内孔尺寸的影响;件2的退刀槽是保证外螺纹能够顺利、可靠地旋入指定深度的重要保证。在加工中要重点考虑退刀槽程序编制、刀具切削用量等问题。

(2) 精度分析:零件中的内沟槽特征是绝大部分尺寸为自由公差,因此尺寸精度要求不是很高,但要保证内沟槽加工后不会对其他关联尺寸产生影响。加工中尤其注意内沟槽加工中的进退刀方式、平移步距及尺寸的计算并合理选择切削用量。

(3) 定位及装夹分析:零件采用三爪自定心卡盘装夹,零件加工中需要沿用前期使用过的零件作为本次训练的毛坯,因此存在装夹找正的技术环节。

(4) 加工工艺分析:经过以上分析,本课题零件加工时的总体安排顺序是,将前期加工的零件装夹上后进行找正,然后一次性将内沟油槽、退刀槽加工至图纸要求尺寸。

2.3　工艺规程设计

教学策略：分组讨论、小组汇报、教师总结。

以分组讨论的形式对零件提出整体的加工方案，小组得出统一方案后集中汇总、汇报。教师针对多种不同的加工方案进行分析，并提出较为合理的工艺路线。

2.3.1　学生自主设计

1. 主要刀具选择（表2.3）

表2.3　刀具卡片

刀具名称	刀具规格名称	材料	数量	刀尖半径/mm	刀宽/mm

2. 工艺规程安排（表2.4）

表2.4　工序卡片（可附表）

单位		产品名称及型号	零件名称	零件图号
工序号	程序编号	夹具名称	使用设备	工件材料
工步	工步内容	刀号	切削用量	备注	工序简图

2.3.2 参考分析

1. 主要刀具选择(表 2.5)

表 2.5 刀具卡片

刀具名称	刀具规格名称	材料	数量	刀尖半径/mm	刀宽/mm
内切槽刀	12mm×12mm	高速钢	1		3.5

2. 工艺规程安排(表 2.6)

表 2.6 工序卡片(右端)

单位		产品名称及型号	零件名称	零件图号
			内沟油槽 螺纹退刀槽	件1 件2
工序	程序编号	夹具名称	使用设备	工件材料
001	O0001(件 1) O0002(件 2)	三爪自定心卡盘	SK50	45 钢
工步	工步内容	刀号	切削用量	备注	工序简图

件 1

| 1 | 装夹找正 | | | 手动 | |

| 2 | 车内沟油槽 | T11 | $n=300$r/min
$f=0.05$mm/r | 刀宽 3.5mm
自动加工 | |

件 2

| 1 | 装夹找正 | | | 手动 | |

续表

工步	工步内容	刀号	切削用量	备注	工序简图
2	车内螺纹退刀槽	T11	$n=300\text{r/min}$ $f=0.05\text{mm/r}$	刀宽 3.5mm 自动加工	

2.4　程序编制

教学策略：讲授法、提问法、对比法。

首先讲授零件的尺寸计算、进退刀方式在程序编制中的控制；以内孔车削为基础进行内切槽程序编制的讲解，虽然程序中出现的指令都学习过，但要充分利用外切槽与之产生的鲜明对比，深入浅出地讲解内沟槽的程序编制方法。

2.4.1　学生自主编程（可附表）

编程卡片样式见表2.7。

表 2.7　编程卡片

序　　号	程　　序	注　　解

续表

序　　号	程　　序	注　　解

2.4.2　参考程序

1. 件1加工程序(表2.8)

表2.8　件1加工程序卡片

序　　号	程　　序	注　　解
	O0001;	程序号
N1	;	内螺纹退刀槽加工,刀宽3.5mm
	G0 G40 G97 G99 S300 T11 M03;	切削条件设定,左刀尖点对刀
	X20.0 Z2.0;	快速定位至入刀点
	G1 Z−16.0 F0.2;	Z向达到指定深度
	X24.0;	X向接近工件
	G01 X28.0 F0.05;	第一刀切削沟槽特征
	X24.0 F0.2;	退刀
	W2.5;	长度方向进给以扩大槽宽
	X28.0 F0.05;	第二刀切削沟槽特征
	X20.0 F0.2;	退刀
	Z2.0;	返回至Z向切削起点
	G0 Z100.0;	快速移动远离工件
	G28 U0 W0 M05;	返回参考点
	M30;	程序结束

2. 件2加工程序(表2.9)

表2.9　件2加工程序卡片

序　　号	程　　序	注　　解
	O0002;	程序号
N1	;	内螺纹退刀槽加工,刀宽3.5mm
	G0 G40 G97 G99 S300 T11 M03;	切削条件设定,左刀尖点对刀
	X20.0 Z2.0;	快速定位至入刀点
	G1 Z−18.0 F0.2;	Z向达到指定深度

续表

序　号	程　序	注　解
	X21.0;	X 向接近工件
	G01 X26.5 F0.05;	第一刀切削沟槽特征
	X21.0 F0.2;	退刀
	W1.5;	长度方向进给以扩大槽宽
	X26.5 F0.05;	第二刀切削沟槽特征
	X20.0 F0.2;	退刀
	Z2.0;	返回至 Z 向切削起点
	G0 Z100.0;	快速移动远离工件
	G28 U0 W0 M05;	返回参考点
	M30;	程序结束

2.5　加工前准备

1. 机床准备(表 2.10)

表 2.10　机床准备卡片

	机械部分				电器部分		数控系统部分			辅助部分	
设备检查	主轴部分	进给部分	刀架部分	尾座	主电源	冷却风扇	电器元件	控制部分	驱动部分	冷却	润滑
检查情况											

注：经检查后该部分完好,在相应项目下打"√";若出现问题及时报修。

2. 其他注意事项

(1) 工件装夹时注意控制夹紧力的大小,防止工件变形;

(2) 安装内沟槽车刀时,注意车刀的切削刃应与加工表面、轴线呈平行状态。

3. 参数设置

(1) 对刀的数值应输入在与程序中该刀具相对应的刀补号中;

(2) 在对刀的数值中应注意输入假想刀尖的位置序号。

2.6　实际零件加工

1. 教师演示

(1) 内孔切刀的刃磨;

(2) 内孔切刀的对刀方法、内孔槽车削方法;

(3) 使用内沟槽游标卡尺测量内沟槽尺寸。

2. 学生加工训练

训练中指导教师巡回指导,及时纠正不正确的操作姿势,解决学生练习中出现的各种问题。

2.7　零件测量

教学策略:讲授法、演示法。

重点讲授内沟槽游标卡尺的使用方法及注意事项。由于内沟槽卡尺与游标卡尺的测量方法及示值相同,因此在测量时只需要注意测量的力度及两测头的位置要正确即可测量出相对准确的数值。讲授和演示完毕后可以分组进行实物测量以强化检测的熟练度,提高测量的准确性和稳定性。

2.7.1　参考检测工艺

1. 检查件 1 的内沟油槽尺寸直径 ϕ28mm,长度 6mm

采用沟槽游标卡尺直接测量沟槽直径尺寸,多次测量后取平均值即为实际测量尺寸。长度方向可以采用量块与游标卡尺组合的测量方法,将量块放入沟槽内固定,然后使用卡尺深度测杆测量。

2. 检查件 2 螺纹退刀槽直径尺寸 ϕ26.5mm,长度 5mm

检测方法与件 1 相同。

2.7.2　检测并填写记录表

教学策略:小组互检、个人验证、教师抽验。

首先以小组为单位进行互检,由检测同学按评分表给出一个互检成绩;然后个人对自己加工的工件进行自检并与互检成绩、检测结果进行比较,从中发现问题尺寸并找出检测出现不同结果的原因,更正出现失误的尺寸环节;最后由教师对学生的零件进行抽样检测,针对出现的问题集中解释出现测量误差的原因,提出改进的方法。

2.8　加工内沟槽注意的问题

1. 教学策略:学生反馈、讲授法、提问法

针对学生加工中出现的各种情况及时反馈,教师进行集中汇总,对出现的较多情况采用讲授的方法来指导学生了解出现的原因;对于出现概率不大或没有出现的情况,教师采用提问的方法引导学生自主分析加工误差产生的原因。

2. 内沟槽加工中的注意问题

(1)宽度较小或要求不高的窄沟槽,用刀宽等于槽宽的内沟槽刀,采用一次直进法车出；

（2）精度要求较高的内沟槽，一般采用二次直进法车出，即第一次切槽时，槽壁和槽底均留些余量；第二次车槽时，再用等宽内沟槽刀修整；

（3）对于很宽的沟槽，可以先用尖头车刀车出槽，再用内沟槽刀把槽两端面车成垂直面；

（4）内沟槽之间的距离和深度可以采用相对坐标的编程方法控制，以免前后刀尖计算错误产生废品。

2.9　课题小结

1. 教学策略：小组汇报、教师总结

通过小组汇报的方式，教师可以以小组为单位了解各组的工件完成情况及存在的问题，并有针对性地提出下一步的教学方案，对操作较好的学生制定出提高方案，对技能情况掌握不理想的学生提出改进意见。

教师以本课题中提出的学习目标总结学生实际掌握的情况及存在的问题，为下一阶段的学习打下基础。

2. 课题考核

（1）考核方式：日常考核。

（2）考核要求：首先以课题提出的评分标准为一定的考核依据，同时配合学生实际操作中的不同阶段予以分别考核，如学生的操作规范、工件加工、零件检测等环节。

2.10　综合评价

1. 自我评价（表 2.11）

表 2.11　自我评价表

课题名称			课时				
课题自我评价成绩			任课教师				
类别	序号	自我评价项目	结果	A	B	C	D
编程	1	程序是否能顺利完成加工					
	2	程序是否满足零件的工艺要求					
	3	编程的格式及关键指令是否能正确使用					
	4	程序符合哪种批量的生产					
	5	题目：通过该零件编程你的收获主要有哪些？ 作答：					

续表

类别	序号	自我评价项目	结果	A	B	C	D
编程	6	题目：你设计本程序的主要思路是什么？ 作答：					
	7	题目：你是如何完成程序的完善与修改的？ 作答：					
工件刀具安装	1	刀具安装是否正确					
	2	工件安装是否正确					
	3	刀具安装是否牢固					
	4	工件安装是否牢固					
	5	题目：安装刀具时需要注意的事项主要有哪些？ 作答：					
	6	题目：安装工件时需要注意的事项主要有哪些？ 作答：					
操作与加工	1	操作是否规范					
	2	着装是否规范					
	3	切削用量是否符合加工要求					
	4	刀柄和刀片的选用是否合理					
	5	题目：如何使加工和操作更好地符合批量生产？你的体会是什么？ 作答：					
	6	题目：加工时需要注意的事项主要有哪些？ 作答：					
	7	题目：加工时经常出现的加工误差主要有哪些？ 作答：					

续表

类别	序号	自我评价项目	结果	A	B	C	D
精度检测	1	是否了解本零件测量需要的各种量具的原理及使用					
	2	题目：本零件所使用的测量方法是否已掌握？你认为难点是什么？ 作答：					
	3	题目：本零件精度检测的主要内容是什么？采用了何种方法？ 作答：					
	4	题目：批量生产时，你将如何检测该零件的各项精度要求？ 作答：					
		（本部分综合成绩）合计：					
自我总结							

学生签字：	指导教师签字：
年　　月　　日	年　　月　　日

2. 小组互评（表2.12）

表2.12 小组互评表

序　号	小组评价项目	评 价 情 况
1	与其他同学口头交流学习内容时，是否顺畅	
2	是否尊重他人	
3	学习态度是否积极主动	
4	是否服从教师的教学安排和管理	

续表

序　号	小组评价项目	评价情况
5	着装是否符合标准	
6	是否能正确地领会他人提出的学习问题	
7	是否按照安全规范操作	
8	能否辨别工作环境中哪些是危险的因素	
9	是否合理规范地使用工具和量具	
10	是否能保持学习环境的干净整洁	
11	是否遵守学习场所的规章制度	
12	是否对工作岗位有责任心	
13	能否达到全勤	
14	能否正确地对待肯定与否定的意见	
15	团队学习中主动与合作的情况如何	

参与评价同学签名：

年　　月　　日

3. 教师评价

教师总体评价：

教师签字：_____　　　年　　月　　日

思考题

1. 简述内沟槽车刀刃磨时的注意事项。
2. 内沟槽车削时的注意事项有哪些？

练习题

此处提供了 2 个练习件，对应的零件图见图 2.4 和图 2.5。

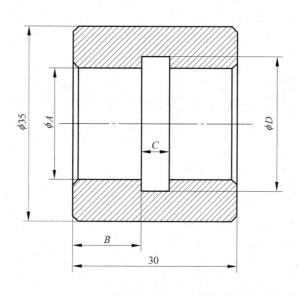

	ϕA	B	C	ϕD
1	$\phi18$	10	4	$\phi21$
2	$\phi22$	12	6	$\phi26$
3	$\phi27$	14	8	$\phi30$

技术要求

1. 未注形状公差应符合GB 1804—2000的要求；
2. 未注长度尺寸允许偏差±0.1mm；
3. 去除毛刺飞边；
4. 未注倒角均为C1。

制图			内沟槽类练习件	比例	2:1
校核				材料	
天津职业技术师范大学			模块2-02		

图2.4 内沟槽练习件1

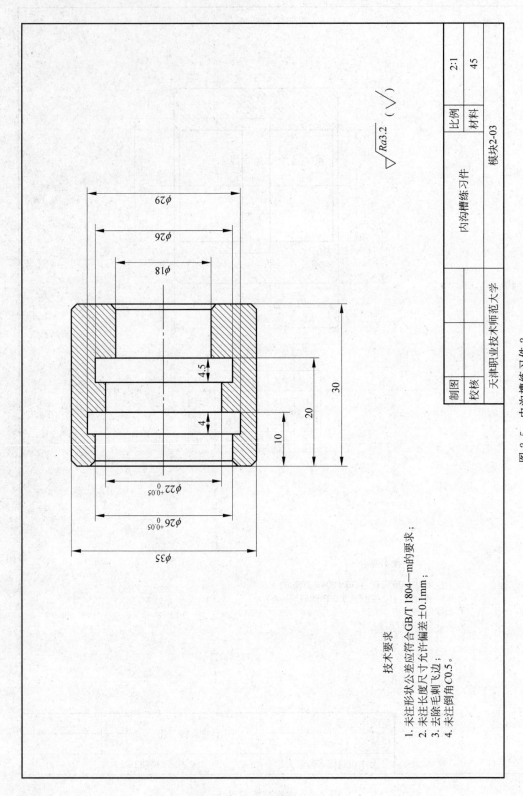

图 2.5 内沟槽练习件 2

模块 **3**

内螺纹类零件的车削训练

 学习目的

(1) 学习内螺纹的种类、特征、分类及作用;

(2) 具备独立识图的能力,能够计算或查表计算内螺纹相关尺寸;

(3) 掌握内螺纹加工中的切削方式及走刀路线的分配;

(4) 掌握内螺纹切削指令的使用方法,能够独立完成内螺纹的切削加工;

(5) 学习普通内螺纹车刀的刃磨方法;

(6) 掌握内螺纹车刀的正确装夹方法及具备合理分配切削用量的能力;

(7) 掌握螺纹测量的基本方法,能够使用通、止规对内螺纹进行综合测量。

学习要求

(1) 了解螺纹的分类、特点及作用,能够在各种条件下合理使用正确的螺纹连接;

(2) 通过本模块的学习,能够独立进行螺纹连接图纸的绘制,能够正确计算内螺纹的相关尺寸或通过查表得出正确的尺寸;

(3) 掌握内孔普通公制直螺纹、锥螺纹的加工方法,具备合理制定走刀路线的能力;

(4) 在熟练掌握外螺纹程序编制的基础上,达到能够独立编制内孔公制螺纹的能力;

(5) 在掌握内沟槽车刀的刃磨前提下,学习掌握内孔螺纹车刀的刃磨方法;

(6) 掌握内螺纹塞规的正确使用方法,了解测量内螺纹的其他量具及测量方法;

(7) 能够分析车削内螺纹时废品产生的原因及防止的方法。

学习重点

(1) 在熟练掌握外螺纹程序编制的基础上,达到能够独立编制内孔公制螺纹的能力;

(2) 掌握内孔普通公制直螺纹和锥螺纹的加工方法,具备合理制定走刀路线的能力;

(3) 在掌握内沟槽车刀的刃磨前提下,学习掌握内孔螺纹车刀的刃磨方法;

（4）掌握内螺纹塞规的正确使用方法，了解测量内螺纹的其他量具及测量方法。

 学习难点

（1）掌握内螺纹的程序编制及加工；
（2）掌握内螺纹零件测量。

教学策略

课堂讲授＋现场演练，讲授法、演练法、互动法。

内螺纹零件加工中容易出现螺纹牙型、角度不正确、螺纹牙型表面质量不达标等现象。因此，在教学中教师需要在进行充分的课堂讲授后，给予同学们时间进行讨论，充分分析不同零件如何选择合理的螺纹加工指令及刀具刃磨时的注意事项等问题。

教师课前准备

1. 教学用具

授课计划、纸质及电子教案、课件、黑板、粉笔、多媒体设备、实物样件等。

2. 教学管理物品

实训过程记录表、实训成绩评价标准、实训报告评分标准、实训室使用记录表、仪器设备维护保养卡等。

3. 演示用具

材料：ϕ35mm×27mm 件 1 毛坯料、件 1 成品零件；

刀具：已经刃磨好的内孔车刀、内螺纹车刀、A3 中心钻、ϕ14mm 钻头；

量具：0～150mm 游标卡尺、0～25mm 外径千分尺、18～35mm 内测百分表、M18 螺纹塞规；

辅助工具：钻夹头、变径套、楔铁、上刀扳手、卡盘扳手、毛刷。

4. 检查实训设备

开机前检查机床外观各部位是否存在异常，如防护罩、脚踏板等部位；检查机床润滑油液是否充足；检查刀架、卡盘、托盘上是否有异物；检查机床面板各旋钮状态；开机后检查机床是否存在报警并完成返回机床参考点操作；检查尾座、套筒是否能够正常使用、移动。

5．训练用具（表3.1）

表3.1　训练用具

序号	类别	名　称	规　格	备　注
1	材料	铝棒	ϕ35mm 铝棒	
2	刀具	外圆车刀	主偏角93°	
3			主偏角45°	
4		内孔车刀	最小加工孔径14mm 主偏角93°	加工深度≥25mm
5		白钢条	12mm×12mm	内孔车刀坯料
6		切断刀	25mm×25mm	刀宽4mm
7		钻头	ϕ14mm	
8		中心钻	A3	
9	夹具	三爪自定心卡盘		
10	量具	内测百分表	18～35mm	
11		外径千分尺	0～25mm	
12		游标卡尺	0～150mm	
13		钢直尺	0～200mm	
14	工具	钻夹头		
15		变径套	3～4,4～5	
16		楔铁		
17		上刀扳手		
18		卡盘扳手		
19		毛刷		

 学生课前准备

（1）理论知识点准备：能够独立完成公制直螺纹、锥螺纹的尺寸计算,掌握 G32、G92、G76 各指令的使用方法,具备独立完成螺纹程序编制的能力。

（2）技能知识点准备：掌握普通外螺纹车刀的基本刃磨方法,能够独立操作数控车床完成外螺纹零件的加工。

（3）教材及学习用具：本教材、学习笔记、笔、计算器。

（4）衣着准备：工作服、工作帽、工作鞋。

本模块学习过程如图 3.1 所示。

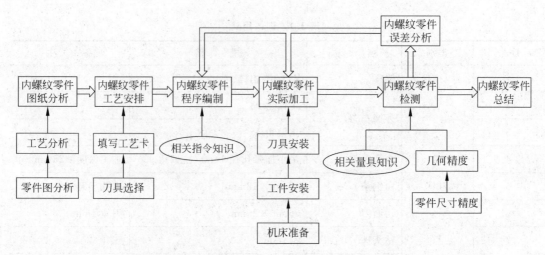

图 3.1　内螺纹类零件车削训练学习过程示意图

学习导入

（1）由提问旧知识、与新知识进行对比导入：通过对外螺纹零件的车削知识提问，及时了解学生目前的知识、技能状态，引入内螺纹车削相关知识，与外螺纹产生鲜明的对比。

（2）由内外螺纹及相关尺寸计算引入：通过对公制螺纹的相关尺寸引入内螺纹车削学习内容及编程所需数据。

（3）由生动的实例导入：通过常见的内螺纹零件，引入内螺纹零件的车削模块。

3.1　图样与技术要求

如图 3.2 所示两件内孔特征零件，材料为 45 钢，规格为 $\phi35mm$ 的圆柱棒料，正火处理，硬度 HB200。两个零件所对应的零件图如图 3.3 所示，所对应的评分表见表 3.2。

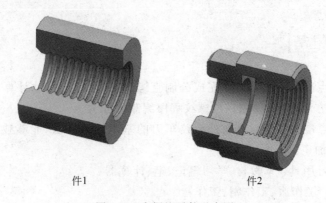

件1　　　　件2

图 3.2　内螺纹零件示意图

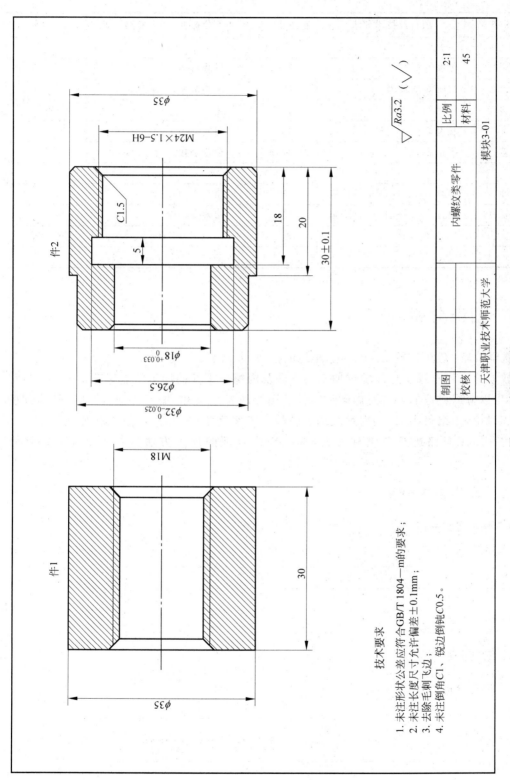

技术要求
1. 未注形状公差应符合GB/T 1804—m的要求；
2. 未注长度尺寸允许偏差±0.1mm；
3. 去除毛刺飞边；
4. 未注倒角C1、锐边倒钝C0.5。

图3.3 内螺纹零件

表 3.2　评分表

序号	项目及技术要求	配分(IT/Ra)	评分标准	检测结果	实得分
件 1					
1	内螺纹车刀刃磨	20	目测口述		
2	M18 单项检测	15	超差全扣		
3	M18 综合测量	15	超差全扣		
4	长度 24	6	超差全扣		
5	倒角 2×C1.5	2×2	超差全扣		
件 2					
1	M24×1.5−6H 单项检测	15	超差全扣		
2	M24×1.5−6H 综合检测	15	超差全扣		
安全文明生产		10			
加工工时		45min			

3.2　图纸分析

教学策略:教师讲授、分组讨论、小组汇报、教师总结。

教师首先将内螺纹与外螺纹加工的不同及内螺纹零件的加工特点等知识内容讲授完毕,学生以分组讨论的形式对内螺纹零件及图纸的各个尺寸、加工方法、特征展开合理的分析和讨论,小组得出内孔、内螺纹加工的统一方案后集中汇总、汇报。教师针对多种不同的内孔加工思路进行总结性分析,提出较为合理的加工方法并提出加工中的注意事项。

3.2.1　学生自主分析

1. 零件图纸分析

_____

_____

_____

_____

2. 工艺分析

1) 结构分析

_____

_____

_____

_____

2）精度分析

_____

_____

_____

3）定位及装夹分析

_____

_____

_____

4）加工工艺分析

_____

_____

_____

3.2.2 参考分析

1. 零件图分析

如图 3.3 所示，两个零件的外轮廓都是 $\phi35$mm 的圆柱，件 1 内部是一个 M18 的粗牙普通螺纹，件 2 内部由 $\phi18$ 底孔、$\phi26.5$ 的内沟槽及内螺纹组成，该零件是在模块 2 中内沟槽练习件的基础上进行的 M24×1.5 内螺纹车削练习零件。

2. 工艺分析

（1）结构分析：件 1 与件 2 外轮廓较为简单，件 1 外轮廓为非加工面，而件 2 也仅仅只是加工了一个台阶，内部结构件 2 是一个阶梯孔，在阶梯交接处有一个 $\phi26.5$mm 的内沟槽。

（2）精度分析：两个零件的精度重点都在内孔的车削及内螺纹的加工中。要保证内螺纹的加工精度，首先要保证其螺纹底孔的尺寸并能够通过螺纹量具进行测量，达到图纸的精度要求。另外，细节方面也是影响加工精度的重要因素，例如倒角的加工、螺纹退刀槽的加工等。

（3）定位及装夹分析：本零件采用三爪自定心卡盘进行定位和装夹。工件装夹时的夹紧力要适中，既要防止工件的变形和夹伤，又要防止工件在加工时的松动。工件装夹过程中应对工件进行找正，以保证各项几何公差。

（4）加工工艺分析：经过以上分析，本课题零件加工时总体安排顺序是，件 1 加工完内孔后切断，调头加工总长及倒角，最后加工内螺纹；件 2 先加工零件的左端 $\phi32$mm 外圆及 $\phi18$mm 内孔，切断工件后调头找正并车削端面、螺纹底孔及倒角，保证工件总长尺寸后加工螺纹退刀槽，最终完成内螺纹零件加工。

3.3　工艺规程设计

教学策略:分组讨论、小组汇报、教师总结。

以分组讨论的形式对零件提出整体的加工方案,小组得出统一方案后集中汇总、汇报。教师针对多种不同的加工方案进行分析,并提出较为合理的工艺路线。

3.3.1　学生自主设计

1. 主要刀具选择(表 3.3)

表 3.3　刀具卡片

刀具名称	刀具规格名称	材料	数量	刀尖半径/mm	刀宽/mm

2. 工艺规程安排(表 3.4)

表 3.4　工序卡片(可附表)

单位		产品名称及型号	零件名称	零件图号
工序号	程序编号	夹具名称	使用设备	工件材料
工步	工步内容	刀号	切削用量	备注	工序简图

3.3.2　参考分析

1. 主要刀具选择（表3.5）

表3.5　刀具卡片

刀具名称	刀具规格名称	材料	数量	刀尖半径/mm	刀宽/mm
外圆车刀	主偏角90°	YT15	1	0.2	
	主偏角45°	YT15	1	0.3	
93°内孔车刀	主偏角93°	高速钢	1	0.2	
切断刀	25×25	YT15	1		4
内沟槽车刀	12×12	高速钢	1		3.5
内螺纹车刀	12×12	高速钢	1		

2. 工艺规程安排（表3.6）

表3.6　工序卡片

单位		产品名称及型号	零件名称	零件图号
			内螺纹类零件	件1、件2
工序	程序编号	夹具名称	使用设备	工件材料
001	O0001(件1) O0002(件1) O0003(件2) O0004(件2) O0005(件2)	三爪自定心卡盘	SK50	45钢

件1

工步	工步内容	刀号	切削用量	备注	工序简图
1	车端面,钻中心孔	T11	$n=600\text{r/min}$ $n=1000\text{r/min}$	手动	
2	钻 $\phi14$mm盲孔		$n=400\text{r/min}$	手动	
3	粗车 $\phi16.5$mm深30mm盲孔,留0.5mm精加工余量	T22	$n=400\text{r/min}$ $f=0.15\text{mm/r}$ $a_p=1.0\text{mm}$	自动加工	
4	精车 $\phi16.5$mm深30mm盲孔		$n=800\text{r/min}$ $f=0.1\text{mm/r}$ $a_p=0.25\text{mm}$		

续表

工步	工步内容	刀号	切削用量	备注	工序简图
5	切断工件,总长留出 1mm 余量	T44	$n=300$r/min $f=0.05$mm/r	刀宽 4.0mm 切断工件,注意避免工件磕碰	
6	调头平端面,保证总长、倒角	T11	$n=600$r/min $f=0.1$mm/r	手动或自动	
7	车削 M18 内螺纹	T33	$n=350$r/min $f=2.5$mm/r	自动加工	
件 2					
1	车端面,钻中心孔	T11	$n=600$r/min $n=1000$r/min	手动	
2	钻 $\phi16$mm 盲孔		$n=400$r/min	手动	
3	粗车 $\phi32$mm,外圆留 0.5mm 精加工余量	T11	$n=400$r/min $f=0.2$mm/r $a_p=1.0$mm	自动加工	
4	精车 $\phi32$mm 外圆		$n=800$r/min $f=0.1$mm/r $a_p=0.25$mm		
5	粗车 $\phi18$mm 内孔,留 0.5mm 精加工余量	T22	$n=400$r/min $f=0.15$mm/r $a_p=1.0$mm	自动加工	
6	精车 $\phi18$mm 内孔		$n=800$r/min $f=0.1$mm/r $a_p=0.25$mm		

续表

工步	工步内容	刀号	切削用量	备注	工序简图
7	切断工件,总长留出 1mm 余量	T44	$n=300$r/min $f=0.05$mm/r	刀宽 4.0mm 切断工件,注意避免工件磕碰	
8	百分表找正			手动	
9	平端面保证总长、倒角	T11	$n=600$r/min $f=0.1$mm/r	手动或自动	
10	粗车 $\phi22.5$mm 螺纹底孔,留 0.5mm 精加工余量	T22	$n=400$r/min $f=0.15$mm/r $a_p=1.0$mm	自动加工	
11	精车 $\phi22.5$mm 螺纹底孔		$n=800$r/min $f=0.1$mm/r $a_p=0.25$mm		
12	车削 $\phi26.5$mm 螺纹退刀槽	T33	$n=400$r/min $f=0.05$mm/r	刀宽 3.5 自动加工	
13	车削 M24×1.5 内螺纹	T33	$n=400$r/min $f=1.5$mm/r	自动加工	

3.4　程序编制

教学策略：讲授法、比较法、提问法。

内螺纹零件的加工指令与外轮廓使用的指令完全相同,因此在讲授过程中需要巩固外螺纹程序编制的知识,提出与之走刀路线相反的内螺纹零件的程序编制方法,同时需要兼顾加工中不可见、刀具颤动现象产生时程序的调整方法。及时提出各种加工中出现的问题,使同学们能够尽可能多地了解、解决、处理实际生产中的各种问题。

3.4.1　学生自主编程(可附表)

编程卡片样式见表 3.7。

表 3.7　编程卡片

序　号	程　序	注　解

3.4.2 参考程序

1. 件1加工程序(表3.8)

表3.8 件1加工程序卡片

序号	程　序	注　解
	O0001;	程序号
N1	;	先手动平端面,钻 ϕ14mm 螺纹底孔
N2	;	内孔粗加工
	G0 G40 G97 G99 S400 T11 M03 F0.15;	切削条件设定
	X13.0 Z2.0;	粗加工起刀点
	G71 U1.5 R0.5;	内径粗加工复合循环指令及切削循环参数设置
	G71 P10 Q11 U−0.3 W0;	
N10	G0 G41 X19.5;	
	G01 Z0;	
	X15.5 C2.0;	所加工部位轮廓描述
	Z−21.0;	
N11	G40 X14.0;	
	G0 X200.0 Z200.0;	粗加工完成后,刀具至退刀点或换刀点
	M05;	主轴停转
	M00;	程序暂停
N3		内孔精加工
	G0 G40 G97 G99 S800 T55 M03 F0.1;	切削条件设定
	X14.0 Z2.0;	轮廓精加工起刀点
	G70 P10 Q11;	轮廓精加工复合循环指令及切削循环参数设置
	G0 X200.0 Z200.0;	精加工完成后,刀具的退刀点及换刀点
	M05;	主轴停转
	M30;	程序结束
N4	;	手动工件切断
	O0002;	内螺纹车削程序
	G0 G40 G97 G99 S350 T22 M03;	切削条件设定
	X15.0 Z5.0;	螺纹加工循环点
	G92 X16.5 Z−22.0 F2.5;	
	/X17.0;	
	/X17.3;	
	/X17.6;	
	/X17.8;	螺纹车削加工
	/X17.9;	
	X17.95;	
	X18.0;	
	X18.0;	
	G00 X200.0 Z200.0	退刀
	M30;	程序结束

2. 件 2 加工程序(表 3.9)

表 3.9　件 2 加工程序卡片

序号	程　　序	注　　解
	O0003;	件 2 左端加工程序
N1	;	外轮廓粗加工程序段
	G0 G40 G97 G99 S400 T11 M03 F0.2;	切削条件设定
	X40.0 Z2.0;	粗加工起刀点
	G71 U1.5 R0.5;	内外径粗加工复合循环指令及切削循环参数
	G71 P10 Q11 U0.5 W0;	设置
N10	G00 X15.0;	
	G01 Z0;	
	X32.0 C1.0;	
	Z-10.0;	所加工部位轮廓描述
	X35.0 C0.5;	
	Z-35.0;	
N11	G01 X40.0	
	G00 X200.0 Z200.0;	粗加工完成后,刀具至退刀点或换刀点
	M05;	主轴停转
	M00;	程序暂停
N2	;	外轮廓精加工程序段
	G0 G40 G97 G99 S800 T11 M03 F0.1;	切削条件设定
	X40.0 Z2.0;	轮廓精加工起刀点
	G70 P10 Q11;	轮廓精加工复合循环指令及切削循环参数设置
	G00 X200.0 Z200.0;	精加工完成后,刀具的退刀点及换刀点
	M05;	主轴停转
	M30;	程序结束
N3	;	内轮廓粗加工程序段
	G0 G40 G97 G99 S400 T22 M03 F0.15;	切削条件设定
	X16.0 Z2.0;	粗加工起刀点
	G71 U1.5 R0.5;	内外径粗加工复合循环指令及切削循环参数
	G71 P20 Q21 U-0.5 W0;	设置
N20	G00 X21.0	
	G01 Z0;	
	X18.0 C1.0	所加工部位轮廓描述
	Z-31.0;	
N21	X16.0	
	G00 X200.0 Z200.0;	粗加工完成后,刀具至退刀点或换刀点
	M05;	主轴停转
	M00;	程序暂停
N4	;	内轮廓精加工程序段
	G0 G40 G97 G99 S800 T22 M03 F0.1;	切削条件设定
	X16.0 Z2.0;	轮廓精加工起刀点
	G70 P20 Q21;	轮廓精加工复合循环指令及切削循环参数设置

续表

序号	程 序	注 解
	G00 X200.0 Z200.0	精加工完成后,刀具的退刀点及换刀点
	M05;	主轴停转
	M30	程序结束
N5	;	手动切断
N6	;	调头装夹找正
	O0004;	件2右端加工程序
N1	;	
	G0 G40 G97 G99 S400 T22 M03 F0.15;	切削条件设定
	X17.0 Z2.0;	粗加工起刀点
	G71 U1.5 R0.5;	内外径粗加工复合循环指令及切削循环参数
	G71 P20 Q21 U−0.5 W0;	设置
N10	G00 X26.0;	
	G01 Z0;	
	X22.5 C1.5;	
	Z−18.0	所加工部位轮廓描述
	X19.0;	
N20	X17.0 W−1.0	
	G00 X200.0 Z200.0;	粗加工完成后,刀具至退刀点或换刀点
	M05;	主轴停转
	M00;	程序暂停
N2	;	内轮廓精加工程序段
	G0 G40 G97 G99 S800 T22 M03 F0.1;	切削条件设定
	X17.0 Z2.0;	轮廓精加工起刀点
	G70 P10 Q20;	轮廓精加工复合循环指令及切削循环参数设置
	G00 X200.0 Z200.0;	精加工完成后,刀具的退刀点及换刀点
	M05;	主轴停转
	M00;	程序结束
N3	;	加工内沟槽
	G0 G40 G97 G99 S400 T33 M03 F0.05;	刀宽3.5mm
	X16.0 Z2.0;	内沟槽加工起刀点
	G1 Z−17.8 F0.2;	Z向进刀
	X17.5;	X向进刀
	G01 X26.4 F0.05;	X向切削
	X17.5 F0.2;	X向退刀
	W1.1;	Z向平移步距
	X26.4 F0.05;	X向进刀
	X17.5 F0.2;	X向退刀
	Z−18.0;	
	X26.5 F0.05;	
	X17.5 F0.2;	内沟槽精加工
	W1.5;	
	X26.5 F0.05;	

续表

序号	程　　序	注　　解
	X21.0 F0.2;	X 向退刀
	Z2.0;	Z 向退刀
	G0 Z100.0;	Z 向快退
	X200.0	X 向快退
	M30;	程序结束
	O0005;	内螺纹加工程序
	G0 G40 G97 G99 S400 T33 M03;	切削条件设定
	X22.0 Z5.0;	螺纹加工循环点
	G92 X23.5 Z−15.0 F1.5;	螺纹车削加工
	/X23.0;	
	/X23.4;	
	/X23.7;	
	/X23.9;	
	X24.0;	
	X24.0;	
	G00 X200.0 Z200.0	退刀
	M30;	程序结束

3.5　加工前准备

1. 机床准备(表 3.10)

表 3.10　机床准备卡片

设备检查	机械部分				电器部分		数控系统部分			辅助部分	
	主轴部分	进给部分	刀架部分	尾座	主电源	冷却风扇	电器元件	控制部分	驱动部分	冷却	润滑
检查情况											

注：经检查后该部分完好，在相应项目下打"√"；若出现问题及时报修。

2. 其他注意事项

(1) 安装内孔车刀时,注意控制刀杆伸出的长度及主偏角的角度;

(2) 工件调头装夹时注意控制夹紧力的大小,防止工件变形。

2. 参数设置

(1) 对刀的数值应输入在与程序中该刀具相对应的刀补号中。

(2) 在对刀的数值中应注意输入刀尖半径值和假想刀尖的位置序号。

3.6　实际零件加工

1. 教师演示

1. 内螺纹车刀刃磨；

2. 内螺纹车刀的对刀方法、内螺纹的车削方法；

3. 使用螺纹塞规测量内螺纹综合尺寸。

2. 学生加工训练

训练中,指导教师巡回指导,及时纠正不正确的操作姿势,解决学生练习中出现的各种问题。

3.7　零件测量

教学策略：讲授法、演示法。

重点讲授内螺纹塞规通端、止端的使用方法及注意事项。由于内螺纹塞规是综合测量量具,因此在车削中需要明确提出积累测量误差产生的因素及降低的方法。讲授和演示完毕后可以分组进行实物测量以强化检测的熟练度,提高测量的准确性、稳定性。

3.7.1　参考检测工艺

1. 检查件 1 中 M18 内螺纹

使用 M18 螺纹塞规检测 M18 普通粗牙内螺纹。

2. 检查件 2 的 M24×1.5－6H 内螺纹

使用 M24×1.5－6H 内螺纹塞规检测内螺纹尺寸。

3. 倒角尺寸

使用游标卡尺或目测进行倒角的检测。

3.7.2　检测并填写记录表

教学策略：小组互检、个人验证、教师抽验。

首先以小组为单位进行互检,由检测同学按评分表给出一个互检成绩;然后个人对自己加工的工件进行自检并与互检成绩、检测结果进行比较,从中发现问题尺寸并找出检测出现不同结果的原因,更正出现失误的尺寸环节;最后由教师对学生的零件进行抽样检测,并针对出现的问题集中解释出现测量误差的原因,提出改进的方法。

3.8　内螺纹加工注意事项

1. 教学策略：学生反馈、讲授法、提问法

针对学生出现加工误差并及时反馈的情况，教师进行集中汇总，针对出现较多的情况采用讲授法来指导学生了解出现的原因；对于出现概率不大或没有出现的情况，教师采用提问的方法引导学生自主分析加工误差产生的原因。

2. 内螺纹加工注意事项

（1）考虑螺纹加工牙型的膨胀量，车削内螺纹的底孔时保证底孔直径为公称直径——P。

（2）螺纹切削应注意在两端设置足够的升速进刀段 δ_1 和降速退刀段 δ_2，以剔除两端因变速而出现的非标准螺距的螺纹段。同理，在螺纹切削过程中，进给速度修调功能和进给暂停功能无效；若此时按进给暂停键，刀具将在加工完成当前螺纹段后才停止运动。

（3）螺纹加工的进刀量可以参考螺纹底径，即螺纹刀最终进刀位置。螺纹小径为：大径－1.3 倍螺距；螺纹加工的进刀量应不断减少，具体进刀量根据刀具及工件材料进行选择，但最后一次不要小于 0.1mm。

（4）螺纹加工完成后可以通过观察螺纹牙型判断螺纹质量及时采取措施。

（5）对于一般标准螺纹，都采用螺纹环规或塞规来测量。测量内螺纹时，采用螺纹塞规，如果螺纹通规通端正好能够旋入，而止规止端不能旋入，则说明所加工的螺纹综合尺寸符合要求，反之则不符合综合检测尺寸要求。

3.9　课题小结

1. 教学策略：小组汇报、教师总结

通过小组汇报的方式，教师可以以小组为单位了解各组的工件完成情况及存在的问题，并有针对性地提出下一步的教学方案，对操作较好的学生制定出提高方案，对技能情况掌握不理想的学生提出改进意见。

教师以本课题中提出的学习目标总结学生实际掌握的情况及存在的问题，为下一阶段的学习打下基础。

2. 课题考核

（1）考核方式：日常考核。

（2）考核要求：首先以课题提出的评分标准为一定的考核依据，同时配合学生实际操作中的不同阶段予以分别考核，如学生的操作规范、工件加工、零件检测等环节。

3.10　综合评价

1. 自我评价（表3.11）

表 3.11　自我评价表

课题名称				课时				
课题自我评价成绩				任课教师				
类别	序号	自我评价项目		结果	A	B	C	D
编程	1	程序是否能顺利完成加工						
	2	程序是否满足零件的工艺要求						
	3	编程的格式及关键指令是否能正确使用						
	4	程序符合哪种批量的生产						
	5	题目：通过该零件编程你的收获主要有哪些？ 作答：						
	6	题目：你设计本程序的主要思路是什么？ 作答：						
	7	题目：你是如何完成程序的完善与修改的？ 作答：						
工件刀具安装	1	刀具安装是否正确						
	2	工件安装是否正确						
	3	刀具安装是否牢固						
	4	工件安装是否牢固						
	5	题目：安装刀具时需要注意的事项主要有哪些？ 作答：						
	6	题目：安装工件时需要注意的事项主要有哪些？ 作答：						

续表

类别	序号	自我评价项目	结果	A	B	C	D
操作与加工	1	操作是否规范					
	2	着装是否规范					
	3	切削用量是否符合加工要求					
	4	刀柄和刀片的选用是否合理					
	5	题目：如何使加工和操作更好地符合批量生产？你的体会是什么？ 作答：					
	6	题目：加工时需要注意的事项主要有哪些？ 作答：					
	7	题目：加工时经常出现的加工误差主要有哪些？ 作答：					
精度检测	1	是否了解本零件测量需要的各种量具的原理及使用					
	2	题目：本零件所使用的测量方法是否已掌握？你认为难点是什么？ 作答：					
	3	题目：本零件精度检测的主要内容是什么？采用了何种方法？ 作答：					
	4	题目：批量生产时,你将如何检测该零件的各项精度要求？ 作答：					
		(本部分综合成绩)合计：					

自我总结	
学生签字： 年　　月　　日	指导教师签字： 年　　月　　日

2. 小组互评（表 3.12）

表 3.12　小组互评表

序　　号	小组评价项目	评 价 情 况
1	与其他同学口头交流学习内容时,是否顺畅	
2	是否尊重他人	
3	学习态度是否积极主动	
4	是否服从教师的教学安排和管理	
5	着装是否符合标准	
6	是否能正确地领会他人提出的学习问题	
7	是否按照安全规范操作	
8	能否辨别工作环境中哪些是危险的因素	
9	是否合理规范地使用工具和量具	
10	是否能保持学习环境的干净整洁	
11	是否遵守学习场所的规章制度	
12	是否对工作岗位有责任心	
13	能否达到全勤	
14	能否正确地对待肯定与否定的意见	
15	团队学习中主动与合作的情况如何	

参与评价同学签名:

年　　月　　日

3. 教师评价

教师总体评价:

教师签字:_____　　　　年　　月　　日

思考题

1. 简述内螺纹检测方法。
2. 简述内螺纹加工的常用编程指令,其特点如何?
3. 内、外螺纹在编程及加工中有何不同之处?

练习题

此处提供 2 个练习件,对应零件图见图 3.4 和图 3.5。

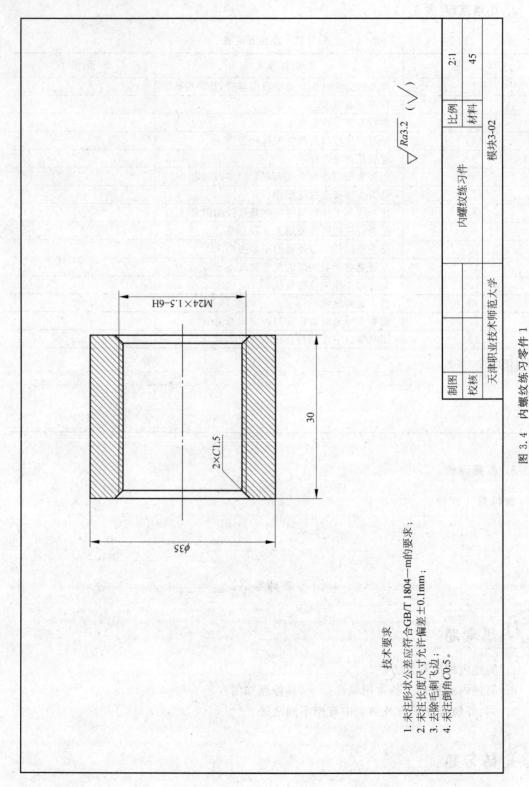

图 3.4　内螺纹练习零件 1

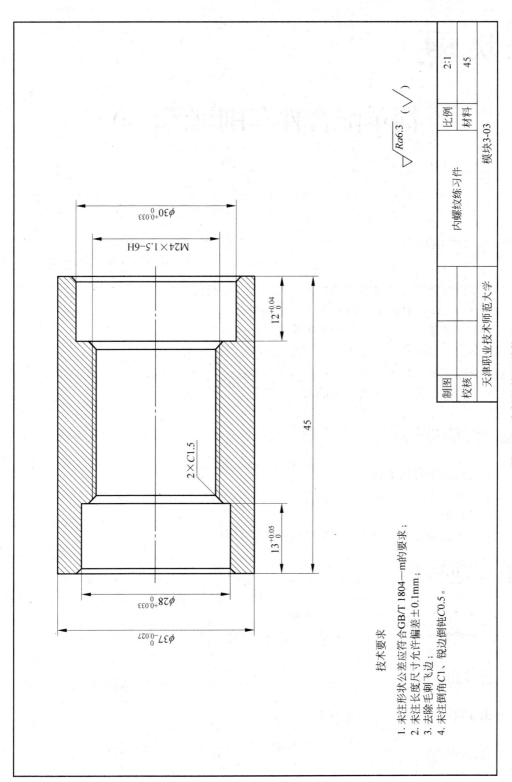

技术要求

1. 未注形状公差应符合GB/T 1804—m的要求；
2. 未注长度尺寸允许偏差±0.1mm；
3. 去除毛刺飞边；
4. 未注倒角C1、锐边倒钝C0.5。

图 3.5　内螺纹练习零件 2

模块 4

简单配合件车削训练(一)

 学习目的

(1) 掌握简单圆柱配合零件的加工工艺综合分析能力;
(2) 掌握简单圆柱配合零件的加工工艺编排;
(3) 掌握简单圆柱配合零件的加工步骤及注意事项;
(4) 掌握简单圆柱配合零件的加工配合要求;
(5) 掌握零件尺寸精度和装配精度的保证方法;
(6) 培养学生综合应用的思考能力。

 学习要求

(1) 分析图纸与技术要求;
(2) 掌握主要刀具选择;
(3) 编制加工程序;
(4) 分析比较不同的加工工艺对装配精度的影响。

 学习重点

(1) 掌握简单圆柱配合零件的图纸分析;
(2) 掌握零件尺寸精度和装配精度的保证方法。

 学习难点

掌握零件尺寸精度和装配精度的保证方法。

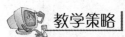 **教学策略**

课堂讲授+现场演练,讲授法、演练法、互动法。

针对简单圆柱配合零件的特点,工艺分析环节可以先采用互动的方法使同学们展开讨论,随后教师跟进并以课堂讲授的方法提出较为合理的工艺路线,对零件切削用量的选择也进行课堂讲授。

 教师课前准备

1. 教学用具

授课计划、纸质及电子教案、课件、黑板、粉笔、多媒体设备、实物样件等。

2. 教学管理物品

实训过程记录表、实训成绩评价标准、实训报告评分标准、实训室使用记录表、仪器设备维护保养卡等。

3. 演示用具

材料:ϕ40mm 毛坯料;

刀具:90°外圆车刀、镗孔刀、ϕ20mm 的钻头;

量具:0~25mm 千分尺、25~50mm 千分尺、18~35mm 内径百分表;

辅助工具:其他样品工件。

4. 检查实训设备

开机前检查机床外观各部位是否存在异常,如防护罩、脚踏板等部位;检查机床润滑油液是否充足;检查刀架、卡盘、托盘上是否有异物;检查机床面板各旋钮状态;开机后检查机床是否存在报警并完成返回机床参考点操作;检查尾座、套筒是否能够正常使用、移动。

5. 训练用具(表 4.1)

表 4.1 训练用具

序号	类别	名 称	规 格	备 注
1	材料	45 钢棒料	ϕ40mm	
2	刀具	90°外圆车刀	25mm×25mm	
		镗孔刀	12mm×12mm×150mm	
		钻头	ϕ20mm	
3	夹具	三爪自定心卡盘	1~13mm	
		钻卡头		
4	量具	钢直尺	0~150mm	
		游标卡尺	0~150mm	
		千分尺	25~50mm	
		内径百分表	18~35mm	
		塞尺		
5	工具	卡盘扳手		
		刀架扳手		
		活动扳手	300mm(12 英寸)	

学生课前准备

(1) 理论知识点准备：装配尺寸链的计算方法。

(2) 技能知识点准备：掌握普通镗孔车刀的基本刃磨方法，能够独立操作数控车床完成零件的加工。

(3) 教材及学习用具：本教材、学习笔记、笔、计算器。

(4) 衣着准备：工作服、工作帽、工作鞋。

本模块学习过程如图 4.1 所示。

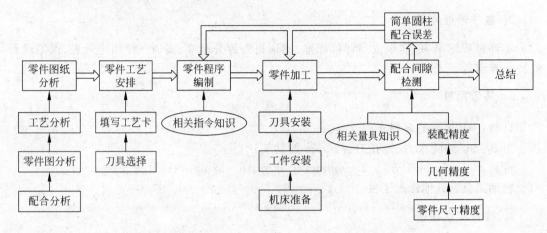

图 4.1　简单阶梯孔配合零件车削训练学习过程示意图

 学习导入

(1) 由检查、提问旧知识导入：通过对金属切削及公差配合知识的提问，及时了解学生目前的知识、技能状态。

(2) 由生动的实例导入：通过常见配合类零件使用的场合、作用，引入配合零件的车削模块。

4.1　图样与技术要求

如图 4.2 所示，材料为 45 钢，规格为 $\phi40$mm 的圆柱棒料，正火处理，硬度 HB200。两个零件所对应的零件图如图 4.3 所示，装配图如图 4.4 所示，所对应的评分为见表 4.2。

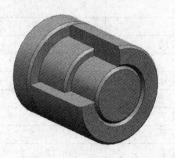

图 4.2　简单圆柱配合示意图

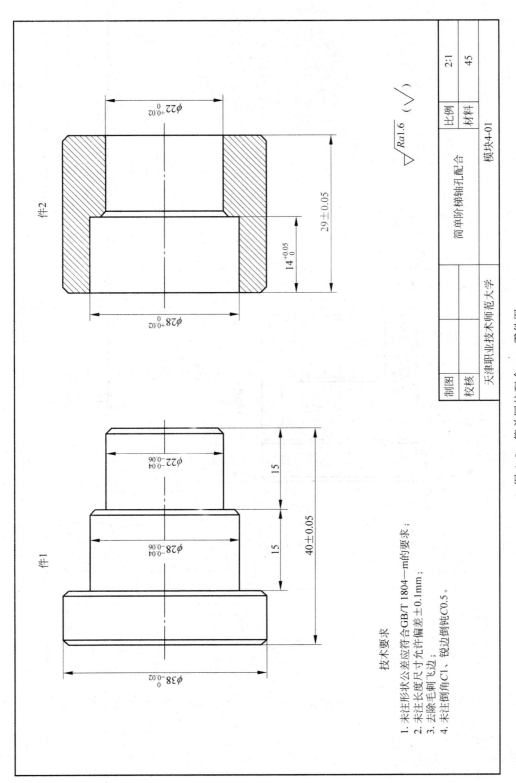

件2

$\phi 22^{+0.02}_{0}$

$\phi 28^{+0.02}_{0}$

29 ± 0.05

$14^{+0.05}_{0}$

件1

$\phi 22^{-0.04}_{-0.06}$

$\phi 28^{-0.04}_{-0.06}$

$\phi 38^{0}_{-0.02}$

15

15

40 ± 0.05

技术要求
1. 未注形状公差应符合GB/T 1804—m的要求；
2. 未注长度尺寸允许偏差±0.1mm；
3. 去除毛刺飞边；
4. 未注倒角C1、锐边倒钝C0.5。

$\sqrt{Ra1.6}$ $(\sqrt{\ })$

简单阶梯轴孔配合		比例	2:1
		材料	45
		模块4-01	
制图			
校核			
天津职业技术师范大学			

图4.3　简单圆柱配合——零件图

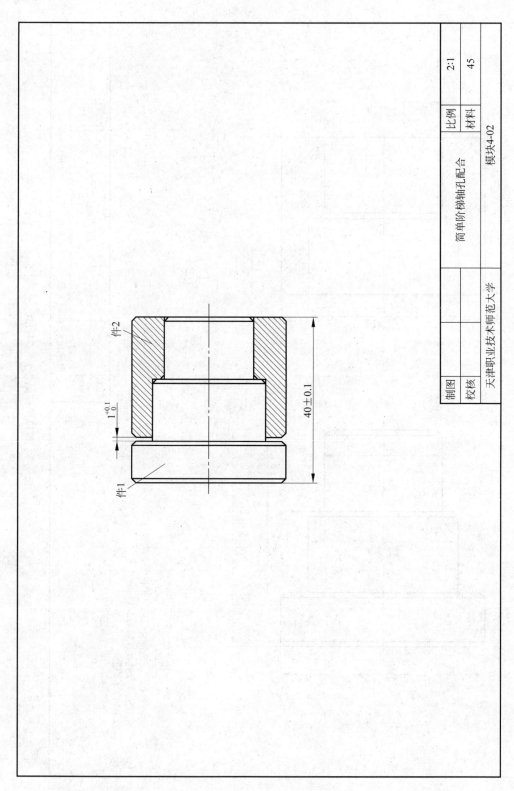

图 4.4　简单圆柱配合——装配图

		比例	2:1
		材料	45

简单阶梯轴孔配合

模块4-02

制图		
校核		

天津职业技术师范大学

表 4.2　评分表

序号		项目及技术要求	配分(IT/Ra)	评分标准	检测结果	实得分
件1	1	外径 $\phi38_{-0.02}^{0}$,$Ra1.6$	7/1	超差全扣		
	2	外径 $\phi28_{-0.06}^{-0.04}$,$Ra1.6$	7/1	超差全扣		
	3	外径 $\phi22_{-0.06}^{-0.04}$,$Ra1.6$	7/1	超差全扣		
	4	长度 40 ± 0.05	7	超差全扣		
	5	长度 15、15	2	超差全扣		
件2	6	外径 $\phi38_{-0.02}^{0}$,$Ra1.6$	7/1	超差全扣		
	7	内径 $\phi28_{0}^{+0.02}$,$Ra1.6$	7/1	超差全扣		
	8	内径 $\phi22_{0}^{+0.02}$,$Ra1.6$	7/1	超差全扣		
	9	长度 $14_{0}^{+0.05}$	7/1	超差全扣		
	10	长度 29 ± 0.05	7	超差全扣		
装配	11	配合间隙 $1_{0}^{+0.1}$	8	超差全扣		
	12	长度 40 ± 0.1	8	超差全扣		
13		倒角 C1、C0.5(共 9 处)	4.5	超差全扣		
14		形状轮廓完整	2.5	未完不得		
安全文明生产			5			
加工工时			120min			

4.2　图纸分析

教学策略:分组讨论、小组汇报、教师总结。

以分组讨论的形式对图纸的各个尺寸、重要部位进行合理分析,小组得出统一图纸分析方案后集中汇总、汇报。教师针对多种不同的图纸分析方案进行总结性分析,提出较为合理的分析结果。

4.2.1　学生自主分析

1. 零件图纸分析

_____

_____

_____

2. 配合图纸分析

_____

_____

_____

3. 工艺分析

1）结构分析

_____

_____

_____

2）精度分析

_____

_____

_____

3）定位及装夹分析

_____

_____

_____

4）加工工艺分析

_____

_____

_____

4.2.2 参考分析

1. 零件图分析

如图 4.3 所示零件 1 是由外圆尺寸 $\phi 38_{-0.02}^{0}$ mm、$\phi 28_{-0.06}^{-0.04}$ mm、$\phi 22_{-0.06}^{-0.04}$ mm 和长度尺寸 (40 ± 0.05)mm 组成，零件 2 是由一个外圆尺寸 $\phi 38_{-0.02}^{0}$ mm 和内孔尺寸 $\phi 28_{0}^{+0.02}$ mm、$\phi 22_{0}^{+0.02}$ mm 及长度尺寸 (29 ± 0.05)mm 组成，且件 1 和件 2 的表面粗糙度为 $Ra1.6\mu m$。

2. 配合分析

该配合件由两个零件组成，如图 4.4 中件 1 和件 2 所示。装配图中要求保证配合间隙 $1_{0}^{+0.1}$ 及装配总长 (40 ± 0.1)mm。

3. 工艺分析

（1）结构分析：该配合件是由两个零件组成，是一种简单的单一圆柱孔配合，且零件结构简单，在加工时应重点考虑刚性、编程指令、刀具工作角度、切削用量等问题。

（2）精度分析：配合确保装配尺寸，还有同轴度、圆跳动、垂直度等几何公差要求；保证表面粗糙度 $Ra1.6$ 要求，因此在加工时应注意工件的加工刚性、刀具刚性、加工工艺等问题。

（3）定位及装夹分析：本套配合零件采用三爪自定心卡盘进行定位和装夹。工件装夹时的夹紧力要适中，既要防止工件的变形和夹伤，又要防止工件在加工时的松动。工件装夹过程中应对工件进行找正，以保证各项几何公差。

（4）加工工艺分析：经过以上分析，考虑到件 2 内孔尺寸 $\phi28^{+0.02}_{0}$ mm 有尺寸要求即 $14^{+0.05}_{0}$ mm，又要确保装配后配合间隙 $1^{+0.1}_{0}$ mm 的要求，所以应该先加工件 2 再加工件 1，配合间隙的保证方法采用试配作的方法来加工。

① 试配作的过程中如果间隙小了，则应车削件 1 外圆尺寸 $\phi38^{0}_{-0.02}$ 的端面，且每次车端面的量为一个公差值 0.1mm。

② 在试配作的过程中如果间隙大了，则应车削件 1 外圆尺寸 $\phi28^{0}_{-0.02}$ 的端面，且每次车端面的量为一个公差值 0.1mm。在有轴孔配合的零件中，配合面外圆尺寸尽量加工尺寸在中下差，内孔尽量加工尺寸在中上差。

4.3　工艺规程设计

教学策略：分组讨论、小组汇报、教师总结。

以分组讨论的形式对零件提出整体的加工方案，小组得出统一方案后集中汇总、汇报。教师针对多种不同的加工方案进行分析，并提出较为合理的工艺路线。

4.3.1　学生自主设计

1. 主要刀具选择（表 4.3）

表 4.3　刀具卡片

刀具名称	刀具规格名称	材料	数量	刀尖半径/mm	刀宽/mm

2. 工艺规程安排（表 4.4）

表 4.4　工序卡片(可附表)

单位		产品名称及型号	零件名称	零件图号
工序号	程序编号	夹具名称	使用设备	工件材料

续表

工步	工步内容	刀号	切削用量	备注	工序简图

4.3.2　参考分析

1. 主要刀具选择(表 4.5)

表 4.5　刀具卡片

刀具名称	刀具规格名称	材料	数量	刀尖半径/mm	刀宽/mm
90°外圆刀	25mm×25mm	YT15	1	0.2	
45°外圆刀	25mm×25mm	YT15	1	0.2	
镗孔刀	12mm×12mm×150mm	高速钢	1	0.2	
切断刀	25mm×25mm	YT15	1	0.2	4.5
钻头	φ20mm	高速钢	1		

2. 工艺规程安排(表 4.6、表 4.7)

表 4.6　件 2 工序卡片

单位		产品名称及型号	零件名称	零件图号
			简单配合零件	
工序	程序编号	夹具名称	使用设备	工件材料
001	O0001、O0002	三爪自定心卡盘钻夹头	SK50	45 钢

续表

工步	工步内容	刀号	切削用量	备注	工序简图
1	车端面、钻底孔		$n=500\text{r/min}$	手动 底孔直径 $\phi20$、 孔深 30mm	
2	粗镗孔 $\phi28\text{mm}$、$\phi22\text{mm}$	T11	$n=300\text{r/min}$ $f=0.15\text{mm/r}$ $a_p=1.0\text{mm}$		
3	精镗孔 $\phi28\text{mm}$、$\phi22\text{mm}$	T22	$n=400\text{r/min}$ $f=0.08\text{mm/r}$ $a_p=0.3\text{mm}$		
4	粗车外圆 $\phi38\text{mm}$	T33	$n=500\text{r/min}$ $f=0.25\text{mm/r}$ $a_p=2.5\text{mm}$		
5	精车外圆 $\phi38\text{mm}$	T44	$n=800\text{r/min}$ $f=0.1\text{mm/r}$ $a_p=0.4\text{mm}$		
6	切断	T55	$n=300\text{r/min}$	刀宽 4.5mm 手动	
7	调头车端面、倒角		$n=500\text{r/min}$	手动	

数字制造技术技能实训教程——数控车床(中册)

表 4.7　件 1 工序卡片

单位	产品名称及型号	零件名称	零件图号
		简单配合零件	
工序	程序编号　夹具名称	使用设备	工件材料
002	O0003　三爪自定心卡盘	SK50	45 钢

工步	工步内容	刀号	切削用量	备注	工序简图
1	车端面		$n=500$r/min	手动	
2	粗车外圆 $\phi38$mm、$\phi28$mm、$\phi22$mm	T33	$n=500$r/min $f=0.25$mm/r $a_p=2.5$mm		
3	精车外圆 $\phi38$mm、$\phi28$mm、$\phi22$mm	T44	$n=800$r/min $f=0.1$mm/r $a_p=0.4$mm		
4	切断	T33	$n=300$r/min	刀宽 4.5mm 手动	
5	调头车端面、倒角		$n=500$r/min	手动	

4.4　程序编制

教学策略：讲授法、提问法、反馈强化。

对单一圆柱孔配合不同工艺的安排讲解。

4.4.1 学生自主编程(可附表)

编程卡片样式见表4.8。

表4.8 编程卡片

序号	程 序	注 解

4.4.2　参考程序

1. 件 2 加工程序(表 4.9)

表 4.9　件 2 加工程序卡片

序号	程　　序	注　　解
	O0001;	程序号
N1	;	粗加工件 2 内孔
	G0 G40 G97 G99 S300 T11 M03 F0.1;	切削条件设定
	X19.0 Z2.0;	粗加工起刀点
	G71 U1.0 R0.5;	粗加工复合循环指令及切削循环参数设置
	G71 P10 Q11 U−0.3 W0.02;	
N10	G0 G41 X29.0;	
	G01 Z0;	
	X28.0 C0.5;	
	Z−14.0;	所加工部位内孔描述
	X22.0 C0.5;	
	Z−30.0;	
N11	G01 G40 X19.0;	
	G0 X200.0 Z200.0;	粗加工完成后,刀具的退刀点及换刀点
	M05;	主轴停转
N2	;	精加工件 2 内孔
	G0 G40 G97 G99 S400 T22 M03 F0.08;	切削条件设定
	X19.0 Z2.0;	轮廓精加工起刀点
	G70 P10 Q11;	轮廓精加工复合循环指令及切削循环参数设置
	G0 X200.0 Z200.0;	精加工完成后,刀具的退刀点及换刀点
	M05;	主轴停转
	M30;	程序结束
	O0002;	程序号
N1	;	件 2 外形粗车
	G0 G40 G97 G99 S500 T33 M03 F0.25;	切削条件设定
	X42.0 Z2.0;	粗加工起刀点
	G71 U2.5 R0.5;	粗加工复合循环指令及切削循环参数设置
	G71 P10 Q11 U0.4 W0.03;	
N10	G0 G42 X20.0;	注意刀具不要与顶夹干涉
	G01 Z0;	
	X38.0 C1.0;	所加工部位外轮廓描述
	Z−31.0;	
N11	G01 G40 X41.0;	

续表

序号	程　序	注　解
	G0 X200.0 Z200.0；	粗加工完成后，刀具的退刀点及换刀点
	M05；	主轴停转
N2	；	件2外轮廓精加工
	G0 G40 G97 G99 S800 T44 M03 F0.1；	切削条件设定
	X42.0 Z2.0；	轮廓精加工起刀点
	G70 P10 Q11；	轮廓精加工复合循环指令及切削循环参数设置
	G0 X200.0 Z200.0；	精加工完成后，刀具的退刀点及换刀点
	M05；	主轴停转
	M30；	程序结束

2. 件1加工程序(表4.0)

表4.10　件1加工程序卡片

序号	程　序	注　解
	O0003；	主程序
N1	；	外形轮廓粗加工
	G0 G40 G97 G99 S500 T33 M03 F0.25；	切削条件设定
	X42.0 Z2.0；	粗加工起刀点
	G71 U2.5 R0.5；	粗加工复合循环指令及切削循环参数设置
	G71 P10 Q11 U0.4 W0.03；	
N10	G0 G42 X0；	
	G01 Z0；	
	X22.0 C1.0；	
	Z−15.0；	
	X28.0 C1.0；	所加工部位外轮廓描述
	W−15.0；	
	X28.0 C1.0；	
	W−12.0；	
N11	G01 G40 X41.0；	
	G0 X200.0 Z200.0；	加工完成后，刀具的退刀点及换刀点
	M05；	主轴停转
N2	；	外形轮廓精加工
	G0 G40 G97 G99 S800 T44 M03 F0.1；	切削条件设定
	X42.0 Z2.0；	轮廓精加工起刀点
	G70 P10 Q11；	轮廓精加工复合循环指令及切削循环参数设置
	G0 X200.0 Z200.0；	精加工完成后，刀具的退刀点及换刀点
	M05；	主轴停转
	M30；	程序结束

4.5　加工前准备

4.5.1　机床准备及工件安装

1. 机床准备（表 4.11）

表 4.11　机床准备卡片

	机械部分				电器部分		数控系统部分			辅助部分	
设备检查	主轴部分	进给部分	刀架部分	尾座	主电源	冷却风扇	电器元件	控制部分	驱动部分	冷却	润滑
检查情况											

注：经检查后该部分完好，在相应项目下打"√"；若出现问题及时报修。

2. 其他注意事项

(1) 安装外圆刀时，主偏角成 90°~93°；

(2) 安装镗孔刀时，主偏角成 92°~95°，副偏角 6°左右。

3. 参数设置

(1) 对刀的数值应输入在与程序中该刀具相对应的刀补号中；

(2) 在对刀的数值中应注意输入刀尖半径值和假想刀尖的位置序号。

4.6　实际零件加工

1. 教师演示

(1) 工件的装夹、找正；

(2) 工件装配间隙的测量方法。

2. 学生加工训练

训练中，指导教师巡回指导，及时纠正不正确的操作姿势，解决学生练习中出现的各种问题。

4.7　零件测量

(1) 各外圆的尺寸；

(2) 各孔的尺寸；

(3) 各装配尺寸。

教学策略：讲授法、提问法。

重点讲授在工件装配时测量配合间隙，以便加深学生的印象。

4.7.1　参考检测工艺

1. 检查件 1、件 2 的外圆尺寸 $\phi 38_{-0.02}^{0}$ mm、$\phi 28_{-0.06}^{-0.04}$ mm、$\phi 22_{-0.06}^{-0.04}$ mm 和长度尺寸 (40 ± 0.05) mm、(29 ± 0.05) mm，检查表面粗糙度 $Ra1.6$

用一级精度的外径千分尺对每个外圆尺寸进行测量，根据测量结果和被测外圆的公差要求判断被测外圆是否合格,再旋转主轴 90°重新测量一次。测量时注意千分尺的使用方法:应使千分尺的测量头轻轻接触被测外圆表面,旋转千分尺的微调棘轮响两三下,在旋转微调棘轮的同时沿外圆表面摆动千分尺的可活动测量头,找到被测外圆处的最大尺寸。

检查表面粗糙度,用表面粗糙度比较样板进行比较验定。

2. 检查件 2 内孔尺寸 $\phi 28^{+0.02}_{0}$ mm、$\phi 22^{+0.02}_{0}$ mm,检查表面粗糙度 *Ra*1.6

用内径百分表对每个孔径进行测量,旋转主轴要在相互垂直的两个部位处各测一次,根据测量结果和被测轴的公差要求判断被测轴是否合格。

检查表面粗糙度,用表面粗糙度比较样板进行比较验定。

3. 检查装配尺寸

用塞尺来检测配合间隙 $1^{+0.1}_{0}$,塞尺选取通端 1mm,止端选取 1.1mm,选取塞尺测量片时尽量选取片数少,以减少积累误差。用千分尺测量装配总长(40±0.1)mm。

4.7.2　检测并填写记录表

教学策略:小组互检、个人验证、教师抽验。

首先以小组为单位,进行互检,由检测同学按评分表给出一个互检成绩;然后个人对自己加工的工件进行自检,并与互检成绩、检测结果进行比较,从中发现问题尺寸并找出检测出现不同结果的原因,更正出现失误的尺寸环节;最后由教师对学生的零件进行抽样检测,并针对出现的问题集中解释出现测量误差的原因,提出改进的方法。

4.8　加工误差分析及后续处理

1. 教学策略:学生反馈、讲授法、提问法

针对学生出现加工误差并及时反馈的情况,教师进行集中汇总,针对出现的较多情况采用讲授的方法来指导学生了解出现的原因;对于出现几率不多或没有出现的情况,教师采用提问的方法引导学生自主分析加工误差产生的原因。

2. 加工误差分析

在数控车床上进行加工时经常遇到的加工误差有多种,其问题现象、产生的原因、预防和消除的措施见表 4.12。

表 4.12　加工误差及后续处理

问 题 现 象	产 生 原 因	预 防 和 消 除
切削过程出现振动	1. 工件装夹不正确 2. 刀具安装不正确 3. 切削参数不正确	1. 检查工件安装,增加安装刚性 2. 调整刀具安装位置 3. 提高或降低切削速度

续表

问 题 现 象	产 生 原 因	预防和消除
表面质量差	1. 切削速度不当 2. 刀具中心过低 3. 切屑控制较差 4. 刀尖产生积屑瘤 5. 切削液选用不合理	1. 调整主轴转速 2. 调整刀具中心高度 3. 选择合理的刀具前角,进刀方式及切深 4. 选择合适的切削液并充分喷注
调头加工轴向尺寸误差较大	1. 主轴有间隙,轴向窜动 2. 工件装夹不正	1. 调整主轴间隙 2. 找正工件

4.9 课题小结

1. 教学策略：小组汇报、教师总结

通过小组汇报的方式,教师可以以小组为单位了解各组的工件完成情况及存在的问题,并有针对性地提出下一步的教学方案,对操作较好的学生制定出提高方案,对技能情况掌握不理想的学生提出改进意见。

教师以本课题中提出的学习目标总结学生实际掌握的情况及存在的问题,为下一阶段的学习打下基础。

2. 课题考核

(1) 考核方式：日常考核。

(2) 考核要求：首先以课题提出的评分标准为一定的考核依据,同时配合学生实际操作中的不同阶段予以分别考核,如学生的操作规范、工件加工、零件检测等环节。

4.10 综合评价

1. 自我评价(表 4.13)

表 4.13 自我评价表

课题名称			课时				
课题自我评价成绩			任课教师				
类别	序号	自我评价项目	结果	A	B	C	D
编程	1	程序是否能顺利完成加工					
	2	程序是否满足零件的工艺要求					
	3	编程的格式及关键指令是否能正确使用					
	4	程序符合哪种批量的生产					
	5	题目：通过该零件编程你的收获主要有哪些？ 作答：					

续表

类别	序号	自我评价项目	结果	A	B	C	D
编程	6	题目：你设计本程序的主要思路是什么？ 作答：					
	7	题目：你是如何完成程序的完善与修改的？ 作答：					
工件刀具安装	1	刀具安装是否正确					
	2	工件安装是否正确					
	3	刀具安装是否牢固					
	4	工件安装是否牢固					
	5	题目：安装刀具时需要注意的事项主要有哪些？ 作答：					
	6	题目：安装工件时需要注意的事项主要有哪些？ 作答：					
操作与加工	1	操作是否规范					
	2	着装是否规范					
	3	切削用量是否符合加工要求					
	4	刀柄和刀片的选用是否合理					
	5	题目：如何使加工和操作更好地符合批量生产？你的体会是什么？ 作答：					
	6	题目：加工时需要注意的事项主要有哪些？ 作答：					
	7	题目：加工时经常出现的加工误差主要有哪些？ 作答：					

续表

类别	序号	自我评价项目	结果	A	B	C	D
精度检测	1	是否了解本零件测量需要的各种量具的原理及使用					
	2	题目：本零件所使用的测量方法是否已掌握？你认为难点是什么？ 作答：					
	3	题目：本零件精度检测的主要内容是什么？采用了何种方法？ 作答：					
	4	题目：批量生产时，你将如何检测该零件的各项精度要求？ 作答：					
(本部分综合成绩)合计：							
自我总结							

学生签字：	指导教师签字：
年　月　日	年　月　日

2. 小组互评(表 4.14)

表 4.14　小组互评表

序　号	小组评价项目	评 价 情 况
1	与其他同学口头交流学习内容时,是否顺畅	
2	是否尊重他人	
3	学习态度是否积极主动	
4	是否服从教师的教学安排和管理	

续表

序　号	小组评价项目	评价情况
5	着装是否符合标准	
6	是否能正确地领会他人提出的学习问题	
7	是否按照安全规范操作	
8	能否辨别工作环境中哪些是危险的因素	
9	是否合理规范地使用工具和量具	
10	是否能保持学习环境的干净整洁	
11	是否遵守学习场所的规章制度	
12	是否对工作岗位有责任心	
13	能否达到全勤	
14	能否正确地对待肯定与否定的意见	
15	团队学习中主动与合作的情况如何	

参与评价同学签名:

年　　月　　日

3. 教师评价

教师总体评价:

教师签字:_____　　　　年　　月　　日

思考题

1. 如何处理简单阶梯圆柱配合的间隙过大或过小的现象?
2. 试述简单阶梯圆柱配合的加工工艺。

练习题

此处提供1组练习件,对应的零件图如图4.5所示,装配图见图4.6。

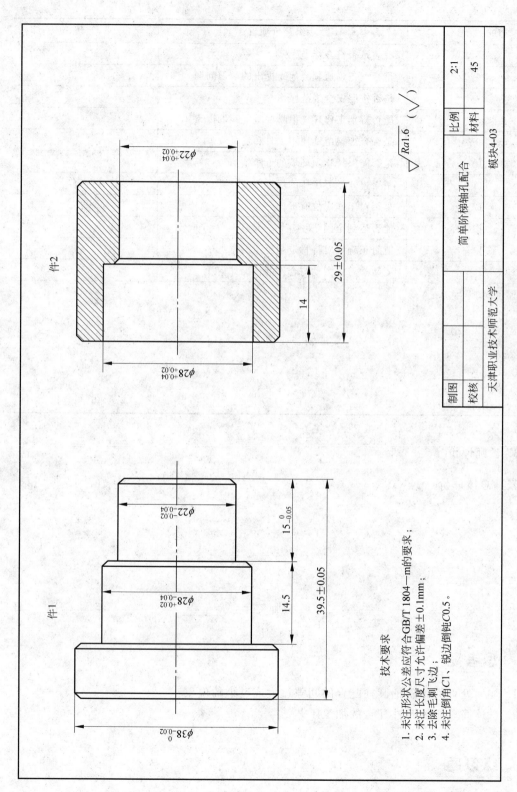

图 4.5 简单阶梯轴孔配合练习件 一零件图

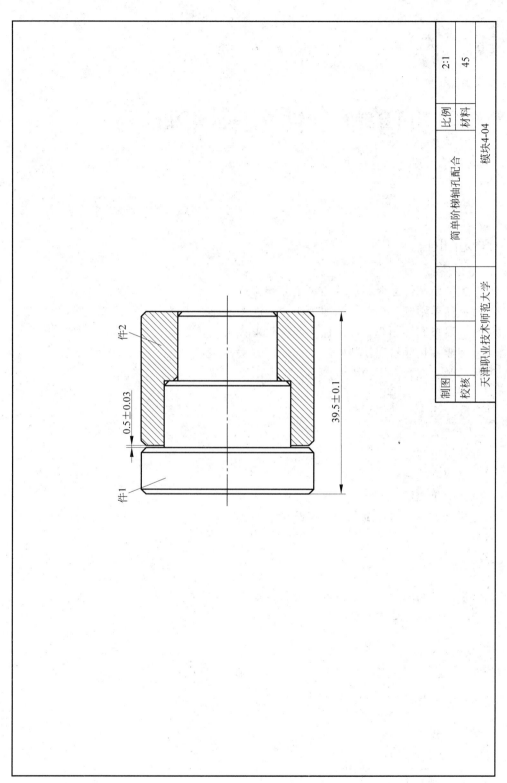

图4.6 简单阶梯轴孔配合练习件——装配图

模块 5

简单配合件车削训练(二)

学习目的

(1) 掌握简单圆锥配合零件的加工工艺编排；
(2) 掌握简单圆锥配合零件的加工步骤及注意事项；
(2) 掌握简单圆锥配合零件的加工配合要求；
(4) 掌握零件尺寸精度和装配精度的保证方法；
(5) 培养学生综合应用的思考能力。

学习要求

(1) 分析图纸与技术要求；
(2) 主要刀具选择；
(2) 编制加工程序；
(4) 分析比较不同的加工工艺对装配精度的影响。

学习重点

(1) 掌握简单圆锥配合零件的图纸分析；
(2) 掌握零件尺寸精度和装配精度的保证方法。

学习难点

掌握零件尺寸精度和装配精度的保证方法。

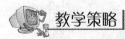

教学策略

课堂讲授＋现场演练,讲授法、演练法、互动法。

针对简单圆锥配合零件的特点,工艺分析环节可以首先采用互动的方法使同学们展开讨论,随后教师跟进并以课堂讲授的方法提出较为合理的工艺路线,对零件切削用量的选择也进行课堂讲授。

 教师课前准备

1. 教学用具

授课计划、纸质及电子教案、课件、黑板、粉笔、多媒体设备、实物样件等。

2. 教学管理物品

实训过程记录表、实训成绩评价标准、实训报告评分标准、实训室使用记录表、仪器设备维护保养卡等。

3. 演示用具

材料：ϕ40 毛坯料;

刀具：90°外圆车刀、镗孔刀、ϕ20mm 的钻头;

量具：0～25mm 千分尺、25～50mm 千分尺、18～35mm 内径百分表;

辅助工具：其他样品工件。

4. 检查实训设备

开机前检查机床外观各部位是否存在异常,如防护罩、脚踏板等部位;检查机床润滑油液是否充足;检查刀架、卡盘、托盘上是否有异物;检查机床面板各旋钮状态;开机后检查机床是否存在报警并完成返回机床参考点操作;检查尾座、套筒是否能够正常使用、移动。

5. 训练用具(表5.1)

表 5.1 训练用具

序号	类别	名　　称	规　　格	备　　注
1	材料	45 钢棒料	ϕ40mm	
2	刀具	90°外圆车刀	25mm×25mm	
		镗孔刀	12mm×12mm×150mm	
		钻头	ϕ20mm	
3	夹具	三爪自定心卡盘	1～13mm	
		钻卡头		
4	量具	钢直尺	0～150mm	
		游标卡尺	0～150mm	
		千分尺	25～50mm	
		内径百分表	18～35mm	
		塞尺		
5	工具	卡盘扳手		
		刀架扳手		
		活动扳手	300mm(12 英寸)	

学生课前准备

（1）理论知识点准备：装配尺寸链的计算方法。

（2）技能知识点准备：掌握普通镗孔车刀的基本刃磨方法，能够独立操作数控车床完成零件的加工。

（3）教材及学习用具：本教材、学习笔记、笔、计算器。

（4）衣着准备：工作服、工作帽、工作鞋。

本模块学习过程如图5.1所示。

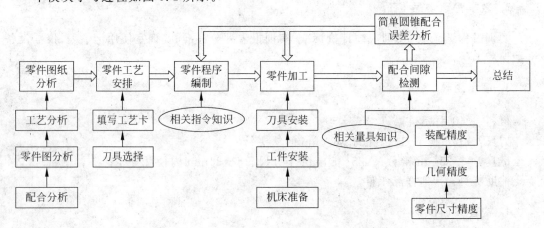

图 5.1　简单内外锥配合零件车削训练学习过程示意图

 学习导入

（1）由检查、提问旧知识导入：通过对金属切削及公差配合知识的提问，及时了解学生目前的知识及技能状态。

（2）由生动的实例导入：通过实际生产中例如车床尾座与变径套的锥孔配合等生动的实例，引入圆锥配合零件车削训练模块。

5.1　图样与技术要求

如图5.2所示，材料为45钢，规格为$\phi40mm$的圆柱棒料，正火处理，硬度HB200。两个零件所对应的零件图如图5.3所示，装配图如图5.4所示，所对应的评分表见表5.2。

图 5.2　简单内外锥配合示意图

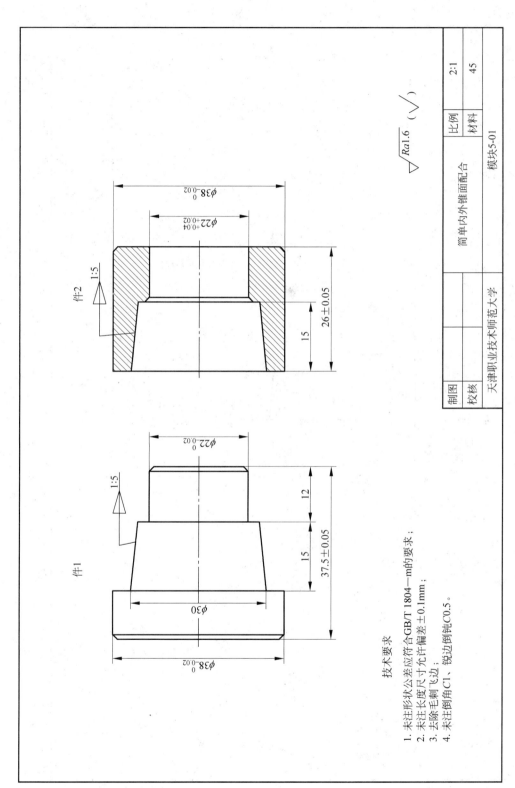

图5.3　简单圆锥配合练习件——零件图

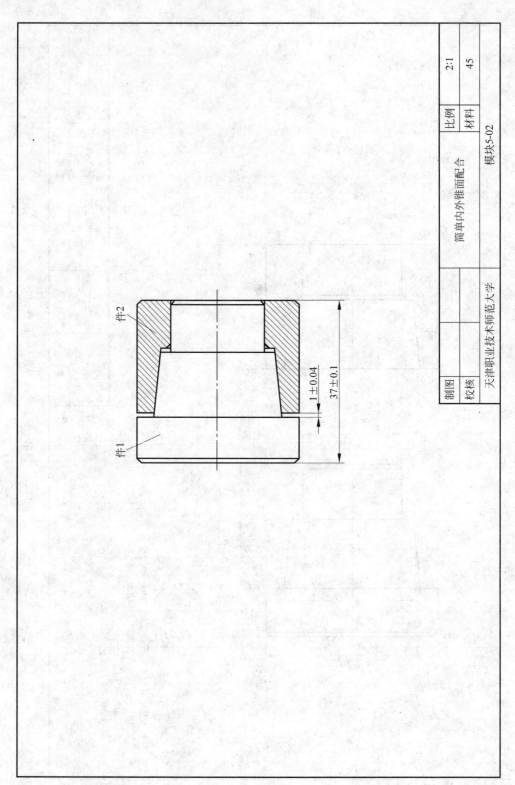

图 5. 4 简单圆锥配合练习件——装配图

表5.2 评分表

序号		项目及技术要求	配分(IT/Ra)	评分标准	检测结果	实得分
件1	1	外径 $\phi38_{-0.02}^{0}$,$Ra1.6$	10/1	超差全扣		
	2	外径 $\phi22_{-0.02}^{0}$,$Ra1.6$	10/1	超差全扣		
	3	锥度 1:5	3	超差全扣		
	4	长度 37 ± 0.05	8	超差全扣		
	5	外径 $\phi30$、长度 12、15	3	超差全扣		
件2	6	外径 $\phi38_{-0.02}^{0}$,$Ra1.6$	10/1	超差全扣		
	7	内径 $\phi22_{+0.02}^{+0.04}$,$Ra1.6$	10/1	超差全扣		
	8	锥度 1:5	3	超差全扣		
	9	长度 29 ± 0.05	8	超差全扣		
	10	长度 15	1	超差全扣		
装配	11	配合间隙 1 ± 0.04	10	超差全扣		
	12	长度 37 ± 0.1	9	超差全扣		
13		倒角 $C1$、$C0.5$(共 7 处)	3.5	超差全扣		
14		形状轮廓完整	2.5	未完不得		
安全文明生产			5			
加工工时			120min			

5.2 图纸分析

教学策略:分组讨论、小组汇报、教师总结。

以分组讨论的形式对图纸的各个尺寸、重要部位进行合理分析,小组得出统一图纸分析方案后集中汇总、汇报。教师针对多种不同的图纸分析方案进行总结性分析,提出较为合理的分析结果。

5.2.1 学生自主分析

1. 零件图纸分析

_____

_____

_____

2. 配合图纸分析

_____

_____

_____

_____

3. 工艺分析

1) 结构分析

_____

_____

_____

2) 精度分析

_____

_____

_____

3) 定位及装夹分析

_____

_____

_____

4) 加工工艺分析

_____

_____

_____

_____

5.2.2　参考分析

1. 零件图分析

如图 5.3 所示零件 1 是由外圆尺寸 $\phi 38_{-0.02}^{0}$ mm、$\phi 22_{-0.06}^{-0.04}$ mm、长度尺寸 (37 ± 0.05) mm 及 1∶5 外锥面组成,零件 2 是由一个外圆 $\phi 38_{-0.02}^{0}$ mm 尺寸和内孔尺寸 $\phi 22_{0}^{+0.02}$ mm、长度尺寸 (26 ± 0.05) mm 及 1∶5 内锥面组成,且件 1 和件 2 的表面粗糙度为 $Ra1.6\mu m$。

2. 配合分析

该配合件由两个零件组成,如图 5.4 中的件 1 和件 2 所示。装配图 5.4 要求保证配合间隙 (1 ± 0.04) mm 及装配总长 (37 ± 0.1) mm。

3. 部分计算

(1) 件 1 外锥小端尺寸为 $\phi 25$ mm。

(2) 件 2 内锥大端尺寸为 $\phi 27.8$,小端尺寸为 $\phi 24.8$ mm。

4. 工艺分析

(1) 结构分析：该配合件是由两个零件组成,且零件结构简单,在加工时应重点考虑刚性、编程指令、刀具工作角度、切削用量等问题。

(2) 精度分析：配合确保装配尺寸,还有同轴度、圆跳动、垂直度等几何公差要求；保证表面粗糙度 $Ra1.6\mu m$ 要求,因此在加工时应注意工件的加工刚性、刀具刚性、加工工艺等问题。

(3) 定位及装夹分析：本套配合零件采用三爪自定心卡盘进行定位和装夹。工件装夹时的夹紧力要适中,既要防止工件的变形和夹伤,又要防止工件在加工时的松动。工件装夹过程中应对工件进行找正,以保证各项几何公差。

(4) 加工工艺分析：根据图纸分析,装配后配合间隙(1 ± 0.04)mm 主要由调整锥配长度及车端面来保证,而相对来说加工内锥比加工外锥难度略大,所以应该先加工件2再加工件1,配合间隙的保证方法采用试配作的方法来加工。

① 在试配作的过程中如果间隙偏小,则车削件1外圆尺寸 $\phi38$ 的右端面,且每次车端面的量为一个公差值 0.08mm。

② 在试配作的过程中如果间隙偏大,需通过刀具磨耗补偿及修改程序的方法来保证配合间隙要求。刀具磨耗补偿量的多少根据轴向尺寸通过 1∶5 换算到径向来确定,并且在加工前修改加工程序段即放大 $\phi22$mm 的尺寸 X22.0 为 X22.1。

在有轴孔配合的零件中,配合面外圆尺寸尽量加工尺寸在中下差,内孔尽量加工尺寸在中上差。

5.3　工艺规程设计

教学策略：分组讨论、小组汇报、教师总结。

以分组讨论的形式对零件提出整体的加工方案,小组得出统一方案后集中汇总、汇报。教师针对多种不同的加工方案进行分析,并提出较为合理的工艺路线。

5.3.1　学生自主设计

1. 主要刀具选择（表 5.3）

表 5.3　刀具卡片

刀具名称	刀具规格名称	材料	数量	刀尖半径/mm	刀宽/mm

2. 工艺规程安排(表 5.4)

表 5.4 工序卡片(可附表)

单位		产品名称及型号	零件名称	零件图号
工序号	程序编号	夹具名称	使用设备	工件材料
工步	工步内容	刀号	切削用量	备注	工序简图

5.3.2 参考分析

1. 主要刀具选择(表 5.5)

表 5.5 刀具卡片

刀具名称	刀具规格名称	材料	数量	刀尖半径/mm	刀宽/mm
90°外圆刀	25mm×25mm	YT15	1	0.2	
45°外圆刀	25mm×25mm	YT15	1	0.2	
镗孔刀	12mm×12mm×150mm	高速钢	1	0.2	
切断刀	25mm×25mm	YT15	1	0.2	4.5
钻头	ϕ20mm	高速钢	1		

2. 工艺规程安排(表5.6及表5.7)

表5.6　件2工序卡片

单位		产品名称及型号	零件名称	零件图号
			轴套	
工序	程序编号	夹具名称	使用设备	工件材料
001	O0001、O0002	三爪自定心卡盘钻卡头	SK50	45钢
工步	工步内容	刀号	切削用量	备注	工序简图
1	车端面、钻底孔		$n=500$r/min	手动 底孔直径 $\phi20$、孔深 27mm	
2	粗镗孔$\phi22$mm、内锥面	T11	$n=300$r/min $f=0.15$mm/r $a_p=1.0$mm		
3	精镗孔$\phi22$mm、内锥面	T22	$n=400$r/min $f=0.08$mm/r $a_p=0.3$mm		
4	粗车外圆$\phi38$mm	T33	$n=500$r/min $f=0.25$mm/r $a_p=2.5$mm		
5	精车外圆$\phi38$mm	T44	$n=800$r/min $f=0.1$mm/r $a_p=0.4$mm		
6	切断	T55	$n=300$r/min	刀宽4.5mm 手动	
7	调头车端面、倒角	T33	$n=500$r/min	手动	

表 5.7 件 1 工序卡片

单位		产品名称及型号	零件名称	零件图号
			锥度蜗杆轴	
工序	程序编号	夹具名称	使用设备	工件材料
002	O0003	三爪自定心卡盘	SK50	45 钢
工步	工步内容	刀号	切削用量	备注	工序简图
1	车端面		$n=500\text{r/min}$	手动	
2	粗车外圆 $\phi 38\text{mm}$、$\phi 22\text{mm}$、外锥面	T11	$n=500\text{r/min}$ $f=0.25\text{mm/r}$ $a_p=2.5\text{mm}$		
3	精车外圆 $\phi 38\text{mm}$、$\phi 22\text{mm}$、外锥面	T22	$n=800\text{r/min}$ $f=0.1\text{mm/r}$ $a_p=0.4\text{mm}$		
4	切断	T33	$n=300\text{r/min}$	刀宽 4.5mm 手动	
5	调头车端面、倒角		$n=500\text{r/min}$	手动	

5.4 程序编制

教学策略：讲授法、提问法、反馈强化。

对单一内外锥面配合不同工艺的安排讲解。

5.4.1　学生自主编程(可附表)

编程卡片样式见表5.8。

表 5.8　编程卡片

序号	程　序	注　解

5.4.2   参考程序

1. 件 2 加工程序(表 5.9)

表 5.9   件 2 加工程序卡片

序号	程　序	注　解
	O0001;	程序号
N1	;	加工件 2 内孔
	G0 G40 G97 G99 S300 T11 M03 F0.1;	切削条件设定
	X19.0 Z2.0;	粗加工起刀点
	G71 U1.0 R0.5;	粗加工复合循环指令及切削循环参数设置
	G71 P10 Q11 U−0.3 W0.02;	
N10	G0 G41 X29.8.0;	
	G01 Z0;	
	X26.8 Z−15.0;	所加工部位内孔描述
	X22.0 C1.0;	
	Z−27.0;	
N11	G01 G40 X19.0;	
	G0 X200.0 Z200.0;	粗加工完成后,刀具的退刀点及换刀点
	M05;	主轴停转
N2	;	精加工
	G0 G40 G97 G99 S400 T22 M03 F0.08;	切削条件设定
	X19.0 Z2.0;	轮廓精加工起刀点
	G70 P10 Q11;	轮廓精加工复合循环指令及切削循环参数设置
	G0 X200.0 Z200.0;	精加工完成后,刀具的退刀点及换刀点
	M05;	主轴停转
	M30;	程序结束
	O0002;	程序号
N1	;	件 2 外形粗车
	G0 G40 G97 G99 S500 T33 M03 F0.25;	切削条件设定
	X42.0 Z2.0;	粗加工起刀点
	G71 U2.5 R0.5;	粗加工复合循环指令及切削循环参数设置
	G71 P10 Q11 U0.4 W0.03;	
N10	G0 G42 X29.0;	注意刀具不要与顶夹干涉
	G01 Z0;	
	X38.0 C0.5;	所加工部位外轮廓描述
	Z−28.0;	
N11	G01 G40 X41.0;	
	G0 X200.0 Z200.0;	粗加工完成后,刀具的退刀点及换刀点
	M05;	主轴停转
N2	;	外形轮廓精加工
	G0 G40 G97 G99 S800 T44 M03 F0.1;	切削条件设定
	X42.0 Z2.0;	轮廓精加工起刀点
	G70 P10 Q11;	轮廓精加工复合循环指令及切削循环参数设置
	G0 X200.0 Z200.0;	精加工完成后,刀具的退刀点及换刀点
	M05;	主轴停转
	M30;	程序结束

2. 件1加工程序(表5.10)

表5.10　件1加工程序卡片

序号	程　　　　序	注　　　　解
	O0003;	主程序
N1	;	外形轮廓粗加工
	G0 G40 G97 G99 S500 T11 M03 F0.25;	切削条件设定
	X42.0 Z2.0;	粗加工起刀点
	G71 U2.5R0.5;	粗加工复合循环指令及切削循环参数设置
	G71 P10 Q11 U0.4 W0.03;	
N10	G0 G42 X0;	
	G01 Z0;	
	X22.0 C1.0;	
	Z−12.0;	
	X27.0;	所加工部位外轮廓描述
	X30.0W−15.0;	
	X38.0 C0.5;	
	W−12.0;	
N11	G01 G40 X41.0;	
	G0 X200.0 Z200.0;	加工完成后,刀具的退刀点及换刀点
	M05;	主轴停转
N2	;	外形轮廓精加工
	G0 G40 G97 G99 S800 T22 M03 F0.1;	切削条件设定
	X42.0 Z2.0;	轮廓精加工起刀点
	G70 P10 Q11;	轮廓精加工复合循环指令及切削循环参数设置
	G0 X200.0 Z200.0;	精加工完成后,刀具的退刀点及换刀点
	M05;	主轴停转
	M30;	程序结束

5.5　加工前准备

1. 机床准备(表5.11)

表5.11　机床准备卡片

设备检查	机械部分				电器部分		数控系统部分			辅助部分	
	主轴部分	进给部分	刀架部分	尾座	主电源	冷却风扇	电器元件	控制部分	驱动部分	冷却	润滑
检查情况											

注：经检查后该部分完好,在相应项目下打"√";若出现问题及时报修。

2．其他注意事项

(1) 安装外圆刀时,主偏角成 90°～93°;

(2) 安装镗孔刀时,主偏角成 92°～95°,副偏角 6°左右。

3．参数设置

(1) 对刀的数值应输入在与程序中该刀具相对应的刀补号中;

(2) 在对刀的数值中应注意输入刀尖半径值和假想刀尖的位置序号。

5.6 实际零件加工

1．教师演示

(1) 工件的装夹、找正;

(2) 工件装配间隙的测量方法。

2．学加工训练

训练中,指导教师巡回指导,及时纠正不正确的操作姿势,解决学生练习中出现的各种问题。

5.7 零件测量

(1) 各外圆的尺寸;

(2) 各孔的尺寸;

(3) 各装配尺寸。

教学策略：讲授法、提问法。

重点讲授在工件装配时测量配合间隙,以便加深学生的印象。

5.7.1 参考检测工艺

1．检查件 1、件 2 的外圆尺寸$\phi 38_{-0.02}^{0}$mm、$\phi 22_{-0.02}^{0}$mm 和长度尺寸(37 ± 0.05)mm、(26 ± 0.05)mm,检查表面粗糙度 $Ra1.6\mu m$

用一级精度的外径千分尺对每个外圆尺寸进行测量,根据测量结果和被测外圆的公差要求判断被测外圆是否合格,再旋转主轴 90°重新测量一次。测量时注意千分尺的使用方法：应使千分尺的测量头轻轻接触被测外圆表面,旋转千分尺的微调棘轮响两三下,旋转微调棘轮的同时沿外圆表面摆动千分尺的可活动测量头,找到被测外圆处的最大尺寸。

检查表面粗糙度,用表面粗糙度比较样板进行比较验定。

2．检查件 2 内孔尺寸$\phi 22_{+0.02}^{+0.04}$mm,检查表面粗糙度 $Ra1.6\mu m$

用内径百分表对每个孔径进行测量,旋转主轴要在相互垂直的两个部位处各测一次,根据测量结果和被测轴的公差要求判断被测轴是否合格。

检查表面粗糙度,用表面粗糙度比较样板进行比较验定。

3. 内外锥面配合检测

内外锥面配合采用红丹粉涂内外锥表面,内外锥配合研磨接触面积达70%以上。

4. 检查装配尺寸

用塞尺来检测配合间隙(1±0.04)mm,塞尺选取通端0.96mm,止端选取1.04mm,选取塞尺测量片时尽量选取片数少,以减少积累误差。用千分尺测量装配总长(37±0.1)mm。

5.7.2　检测并填写记录表

教学策略:小组互检、个人验证、教师抽验。

首先以小组为单位进行互检,由检测同学按评分表给出一个互检成绩;然后个人对自己加工的工件进行自检,并与互检成绩、检测结果进行比较,从中发现问题尺寸并找出检测出现不同结果的原因,更正出现失误的尺寸环节;最后由教师对学生的零件进行抽样检测,并针对出现的问题集中解释出测量误差的原因,提出改进的方法。

5.8　加工误差分析及后续处理

1. 教学策略:学生反馈、讲授法、提问法

针对学生出现加工误差并及时反馈的情况,教师进行集中汇总,针对出现的较多情况采用讲授的方法来指导学生了解出现的原因;对于出现概率不大或没有出现的情况,教师采用提问的方法引导学生自主分析加工误差产生的原因。

2. 加工误差分析

在数控车床上进行加工时经常遇到的加工误差有多种,其问题现象、产生的原因、预防和消除的措施见表5.12。

表 5.12　加工误差及后续处理

问 题 现 象	产 生 原 因	预 防 和 消 除
切削过程出现振动	1. 工件装夹不正确 2. 刀具安装不正确 3. 切削参数不正确	1. 检查工件安装,增加安装刚性 2. 调整刀具安装位置 3. 提高或降低切削速度
表面质量差	1. 切削速度不当 2. 刀具中心过低 3. 切屑控制较差 4. 刀尖产生积屑瘤 5. 切削液选用不合理	1. 调整主轴转速 2. 调整刀具中心高度 3. 选择合理的刀具前角,进刀方式及切深 4. 选择合适的切削液并充分喷注
调头加工轴向尺寸误差较大	1. 主轴有间隙,轴向窜动 2. 工件装卡不正	1. 调整主轴间隙 2. 找正工件

5.9 课题小结

1. 教学策略：小组汇报、教师总结

通过小组汇报的方式,教师可以以小组为单位了解各组的工件完成情况及存在的问题,并有针对性地提出下一步的教学方案,对操作较好的学生制定出提高方案,对技能情况掌握不理想的学生提出改进意见。

教师以本课题中提出的学习目标总结学生实际掌握的情况及存在的问题,为下一阶段的学习打下基础。

2. 课题考核

(1)考核方式：日常考核。

(2)考核要求：首先以课题提出的评分标准为一定的考核依据,同时配合学生实际操作中的不同阶段予以分别考核,如学生的操作规范、工件加工、零件检测等环节。

5.10 综合评价

1. 自我评价(表 5.13)

表 5.13 自我评价表

课题名称			课时				
课题自我评价成绩			任课教师				
类别	序号	自我评价项目	结果	A	B	C	D
编程	1	程序是否能顺利完成加工					
	2	程序是否满足零件的工艺要求					
	3	编程的格式及关键指令是否能正确使用					
	4	程序符合哪种批量的生产					
	5	题目：通过该零件编程你的收获主要有哪些？ 作答：					
	6	题目：你设计本程序的主要思路是什么？ 作答：					
	7	题目：你是如何完成程序的完善与修改的？ 作答：					

续表

类别	序号	自我评价项目	结果	A	B	C	D
工件刀具安装	1	刀具安装是否正确					
	2	工件安装是否正确					
	3	刀具安装是否牢固					
	4	工件安装是否牢固					
	5	题目：安装刀具时需要注意的事项主要有哪些？ 作答：					
	6	题目：安装工件时需要注意的事项主要有哪些？ 作答：					
操作与加工	1	操作是否规范					
	2	着装是否规范					
	3	切削用量是否符合加工要求					
	4	刀柄和刀片的选用是否合理					
	5	题目：如何使加工和操作更好地符合批量生产？你的体会是什么？ 作答：					
	6	题目：加工时需要注意的事项主要有哪些？ 作答：					
	7	题目：加工时经常出现的加工误差主要有哪些？ 作答：					

续表

类别	序号	自我评价项目	结果	A	B	C	D
精度检测	1	是否了解本零件测量需要的各种量具的原理及使用?					
	2	题目:本零件所使用的测量方法是否已掌握?你认为难点是什么? 作答:					
	3	题目:本零件精度检测的主要内容是什么?采用了何种方法? 作答:					
	4	题目:批量生产时,你将如何检测该零件的各项精度要求? 作答:					
(本部分综合成绩)合计:							

自我总结	

学生签字: 年　月　日	指导教师签字: 年　月　日

2. 小组互评(表5.14)

表 5.14　小组互评表

序　号	小组评价项目	评价情况
1	与其他同学口头交流学习内容时,是否顺畅	
2	是否尊重他人	
3	学习态度是否积极主动	
4	是否服从教师的教学安排和管理	

续表

序　号	小组评价项目	评 价 情 况
5	着装是否符合标准	
6	是否能正确地领会他人提出的学习问题	
7	是否按照安全规范操作	
8	能否辨别工作环境中哪些是危险的因素	
9	是否合理规范地使用工具和量具	
10	是否能保持学习环境的干净整洁	
11	是否遵守学习场所的规章制度	
12	是否对工作岗位有责任心	
13	能否达到全勤	
14	能否正确地对待肯定与否定的意见	
15	团队学习中主动与合作的情况如何	

参与评价同学签名：

年　　月　　日

3. 教师评价

教师总体评价：

教师签字：_____　　　　年　　月　　日

 **思考题**

1. 如何处理简单锥面配合的间隙过大或过小的现象？
2. 简单柱配与锥配有何区别？

 **练习题**

此处提供1组练习件,对应的零件图见图5.5,装配图见图5.6。

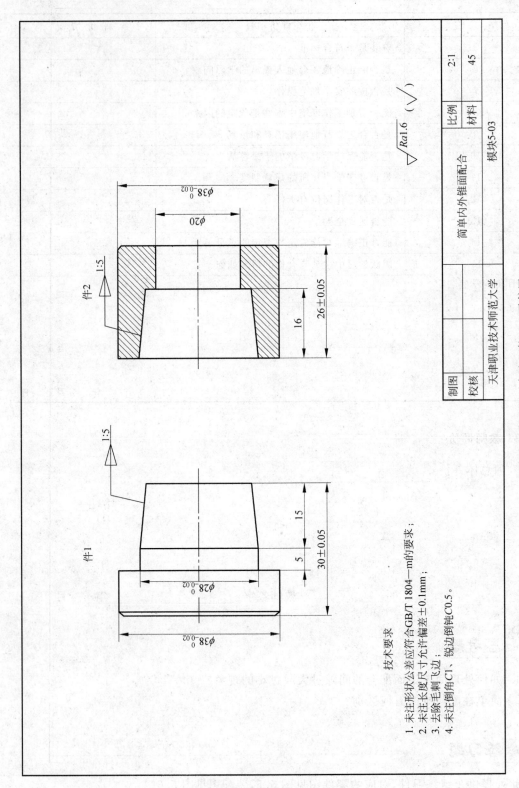

图 5.5　简单内外圆锥配合练习件——零件图

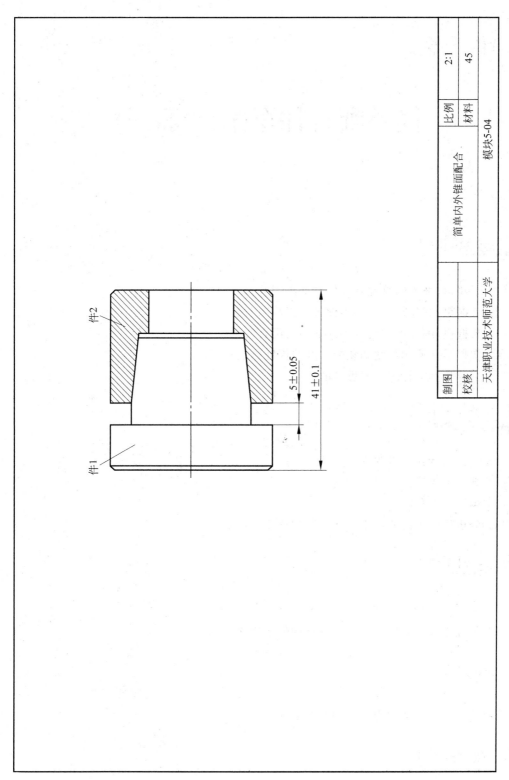

图 5.6　简单内外圆锥配合练习件——装配图

模块 6

简单配合件车削训练(三)

 **学习目的**

(1) 了解粗、细牙螺纹配合零件的加工工艺;

(2) 掌握粗、细牙螺纹配合零件的加工步骤及注意事项;

(3) 掌握粗、细牙螺纹配合零件的加工配合要求;

(4) 掌握零件尺寸精度和装配精度的保证方法;

(5) 培养学生综合应用的思考能力。

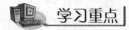 **学习要求**

(1) 分析图纸与技术要求;

(2) 掌握主要刀具选择;

(3) 编制加工程序;

(4) 分析比较不同的加工工艺对装配精度的影响。

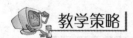 **学习重点**

(1) 掌握螺纹配合零件的图纸分析;

(2) 掌握零件尺寸精度和装配精度的保证方法。

学习难点

掌握零件尺寸精度和装配精度的保证方法。

教学策略

课堂讲授＋现场演练,讲授法、演练法、互动法。

针对螺纹配合零件的特点,工艺分析环节可以首先采用互动的方法使同学们展开讨论,随后教师跟进并以课堂讲授的方法提出较为合理的工艺路线,对零件切削用量的选择也进行课堂讲授。

 教师课前准备

1. 教学用具

授课计划、纸质及电子教案、课件、黑板、粉笔、多媒体设备、实物样件等。

2. 教学管理物品

实训过程记录表、实训成绩评价标准、实训报告评分标准、实训室使用记录表、仪器设备维护保养卡等。

3. 演示用具

材料:ϕ40mm 毛坯料;

刀具:90°外圆车刀、镗孔刀、内外三角螺纹车刀、ϕ20mm 的钻头;

量具:0~25mm 千分尺、25~50mm 千分尺、18~35mm 内径百分表、螺纹环规、螺纹塞规;

辅助工具:其他样品工件。

4. 检查实训设备

开机前检查机床外观各部位是否存在异常,如防护罩、脚踏板等部位;检查机床润滑油液是否充足;检查刀架、卡盘、托盘上是否有异物;检查机床面板各旋钮状态;开机后检查机床是否存在报警并完成返回机床参考点操作;检查尾座、套筒是否能够正常使用、移动。

5. 训练用具(表 6.1)

表 6.1   训练用具

序号	类别	名　　称	规　　格	备　　注
1	材料	45 钢棒料	ϕ40mm	
2	刀具	90°外圆车刀	25mm×25mm	
		镗孔刀	12mm×12mm×150mm	
		外三角螺纹刀	25mm×25mm	
		内三角螺纹刀	12mm×12mm×150mm	
		钻头	ϕ20mm	
3	夹具	三爪自定心卡盘	1~13mm	
		钻卡头		

续表

序号	类别	名　　称	规　　格	备　　注
4	量具	钢直尺	0～150mm	
		螺纹环规	M24×2、M24×1.5	
		螺纹塞规	M24×2、M24×1.5	
		游标卡尺	0～150mm	
		千分尺	25～50mm	
		内径百分表	18～35mm	
		塞尺		
5	工具	卡盘扳手		
		刀架扳手		
		活动扳手	300mm(12 英寸)	

学生课前准备

（1）理论知识点准备：装配尺寸链的计算方法。

（2）技能知识点准备：掌握内螺纹车刀的基本刃磨方法，能够独立操作数控车床完成零件的加工。

（3）教材及学习用具：本教材、学习笔记、笔、计算器。

（4）衣着准备：工作服、工作帽、工作鞋。

本模块学习过程如图 6.1 所示。

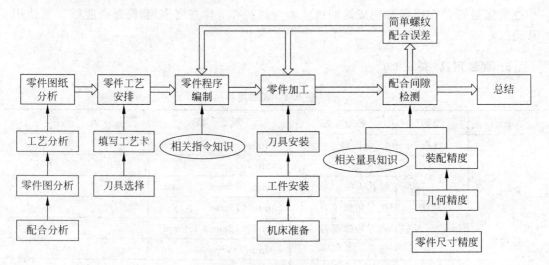

图 6.1　螺纹配合零件车削训练学习过程示意图

（1）由检查、提问旧知识导入：通过对金属切削及公差配合知识的提问，及时了解学生目前的知识、技能状态。

（2）由生动的实例导入：用日常生活中常见的螺纹配合实例引入简单内外螺纹配合车削训练内容。

6.1　图样与技术要求

如图 6.2 所示，材料为 45 钢，规格为 ϕ40mm 的圆柱棒料，正火处理，硬度 HB200。两个零件所对应的零件图如图 6.3 所示，装配图如图 6.4 所示，所对应的评分表见表 6.2。

图 6.2　螺纹配合示意图

表 6.2　评分表

序号		项目及技术要求	配分(IT/Ra)	评分标准	检测结果	实得分
件1	1	外径 $\phi38_{-0.02}^{0}$，$Ra1.6$	6/1	超差全扣		
	2	外径 $\phi30_{-0.02}^{0}$，$Ra1.6$	6/1	超差全扣		
	3	外螺纹 M24×2−6g，$Ra1.6$	9/1	超差全扣		
	4	长度 42±0.05	6	超差全扣		
	5	长度 12、20	2	超差全扣		
	6	槽 6×2.5	1	超差全扣		
件2	7	外径 $\phi38_{-0.02}^{0}$，$Ra1.6$	6/1	超差全扣		
	8	内径 $\phi30_{0}^{+0.021}$，$Ra1.6$	7/1	超差全扣		
	9	内螺纹 M24×2−6H，$Ra1.6$	9/1	超差全扣		
	10	长度 $11_{0}^{+0.05}$	6	超差全扣		
	11	长度 31±0.05	6	超差全扣		
装配	12	配合间隙 $1_{0}^{+0.05}$	8	超差全扣		
	13	长度 42±0.1	8	超差全扣		
14		倒角 C1、C0.5(共 9 处)	4.5	超差全扣		
15		形状轮廓完整	4.5	未完不得		
安全文明生产			5			
加工工时			120min			

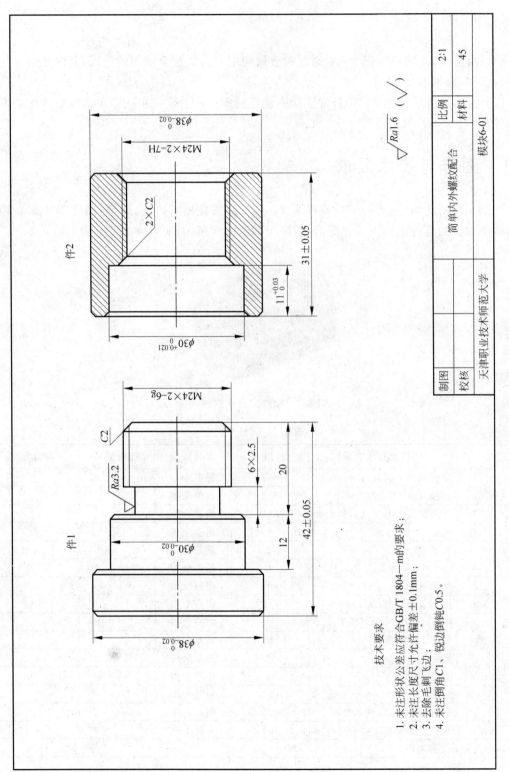

图 6.3 螺纹配合——零件图

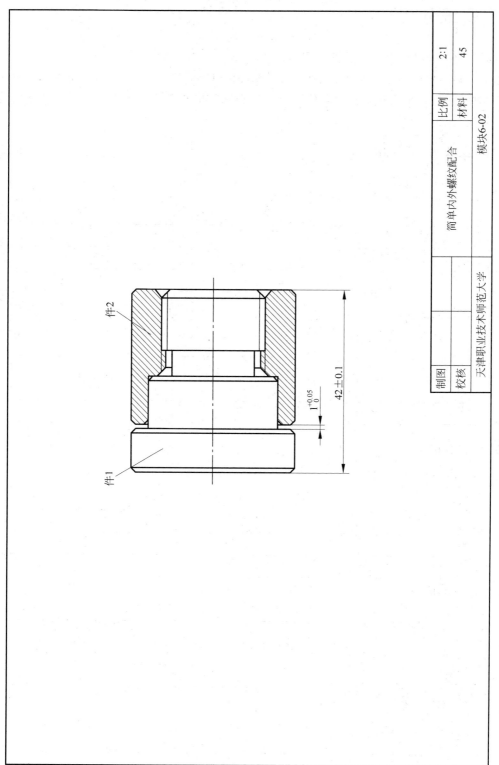

图 6.4　螺纹配合——装配图

6.2　图纸分析

　　教学策略：分组讨论、小组汇报、教师总结。

　　以分组讨论的形式对图纸的各个尺寸、重要部位进行合理分析，小组得出统一图纸分析方案后集中汇总、汇报。教师针对多种不同的图纸分析方案进行总结性分析，提出较为合理的分析结果。

6.2.1　学生自主分析

1. 零件图纸分析

_____

_____

_____

_____

2. 配合图纸分析

_____

_____

_____

_____

3. 工艺分析

1) 结构分析

_____

_____

_____

_____

2) 精度分析

_____

_____

_____

3) 定位及装夹分析

_____

_____

_____

4）加工工艺分析

_____

_____

_____

_____

6.2.2　参考分析

1. 零件图分析

如图 6.3 所示零件 1 是由外圆尺寸 $\phi38_{-0.02}^{\ 0}$ mm、内孔尺寸 $\phi30_{-0.02}^{\ 0}$ mm、长度尺寸(42 ± 0.05)mm 及外螺纹 M24×2—6g 组成,零件 2 是由一个外圆 $\phi38_{-0.02}^{\ 0}$ mm 尺寸和内孔尺寸 $\phi30_{+0}^{+0.021}$ mm、长度尺寸(29 ± 0.05)mm、$11_{+0}^{+0.05}$ mm 及内螺纹 M24×2—6H 组成。

2. 配合分析

该配合件由两个零件组成,如图件 1 和件 2 所示。装配图 6.3 要求保证配合间隙 $1_{+0}^{+0.05}$ 及装配总长(42 ± 0.1)mm。

3. 工艺分析

(1) 结构分析:该配合件是由两个零件组成,是一种简单的圆柱及螺纹孔配合,且零件结构简单,在加工时应重点考虑刚性、编程指令、刀具工作角度、切削用量等问题。

(2) 精度分析:配合确保装配尺寸,还有同轴度、圆跳动、垂直度等几何公差要求;保证表面粗糙度 $Ra1.6\mu m$ 要求,因此在加工时应注意工件的加工刚性、刀具刚性、加工工艺等问题。

(3) 定位及装夹分析:本套配合零件采用三爪自定心卡盘进行定位和装夹。工件装夹时的夹紧力要适中,既要防止工件的变形和夹伤,又要防止工件在加工时的松动。工件装夹过程中应对工件进行找正,以保证各项几何公差。

(4) 加工工艺分析:该配合类型为螺纹及圆柱面配合,零件 1 左端配合圆柱面和配合外螺纹。零件 2 为内螺纹与内孔,分别与零件 1 的右端配合。考虑到件 2 内孔尺寸 $\phi30_{+0}^{+0.021}$ mm 有深度尺寸即 $11_{+0}^{+0.05}$ mm,又要确保装配后配合间隙 $1_{+0}^{+0.05}$ mm 的要求,所以应该先加工件 2 再加工件 1,加工零件 1 时用零件 2 试配合。①在试配作的过程中如果间隙小了,则车件 1 外圆尺寸 $\phi38$ 的右端面,且每次车端面的量为一个公差值 0.05mm。②在试配作的过程中如果间隙大了,则车件 1 外圆尺寸 $\phi30$ 的右端面,且每次车端面的量为一个公差值 0.05mm。在有轴孔配合的零件中,配合面外圆尺寸尽量加工尺寸在中下差,内孔尽量加工尺寸在中上差,内外螺纹用通规试配时较轻松。

配合间隙保证以后,为了保证件 2 两端面的平行度即件 2 右端面与轴线的垂直度,零件 1 切断前与零件 2 试配合,车件 2 右端面且保证件 2 的长度尺寸(29 ± 0.05)mm。

6.3　工艺规程设计

教学策略：分组讨论、小组汇报、教师总结。

以分组讨论的形式对零件提出整体的加工方案,小组得出统一方案后集中汇总、汇报。教师针对多种不同的加工方案进行分析,并提出较为合理的工艺路线。

6.3.1　学生自主设计

1. 主要刀具选择(表 6.3)

表 6.3　刀具卡片

刀具名称	刀具规格名称	材料	数量	刀尖半径/mm	刀宽/mm

2. 工艺规程安排(表 6.4)

表 6.4　工序卡片(可附表)

单位		产品名称及型号	零件名称	零件图号
工序号	程序编号	夹具名称	使用设备	工件材料
工步	工步内容	刀号	切削用量	备注	工序简图

6.3.2 参考分析

1. 主要刀具选择(表6.5)

表6.5 刀具卡片

刀具名称	刀具规格名称	材料	数量	刀尖半径/mm	刀宽/mm
90°外圆刀	25mm×25mm	YT15	1	0.2	
45°外圆刀	25mm×25mm	YT15	1	0.2	
镗孔刀	12mm×12mm×150mm	高速钢	1	0.2	
切断刀	25mm×25mm	YT15	1	0.2	4.5
普通外螺纹刀	25mm×25mm	YT15	1		
普通内螺纹刀	12mm×12mm×150mm	高速钢	1		
钻头	ϕ20mm	高速钢	1		

2. 工艺规程安排(表6.6及表6.7)

表6.6 件2工序卡片

单位		产品名称及型号	零件名称	零件图号
			轴套	
工序	程序编号	夹具名称	使用设备	工件材料
001	O0001、O0002	三爪自定心卡盘 钻卡头	SK50	45钢

工步	工步内容	刀号	切削用量	备注	工序简图
1	车端面、钻底孔	T44	$n=500$r/min	手动底孔直径 ϕ20、孔深33mm	
2	粗镗孔 ϕ30mm、ϕ22mm	T11	$n=300$r/min $f=0.15$mm/r $a_p=1.0$mm		
3	精镗孔 ϕ30mm、ϕ22mm	T22	$n=400$r/min $f=0.08$mm/r $a_p=0.3$mm		
4	车内螺纹	T33	$n=200$r/min $f=2.0$mm/r		

续表

工序	程序编号	夹具名称		使用设备	工件材料
5	粗车外圆 $\phi38\text{mm}$	T44	$n=500\text{r/min}$ $f=0.25\text{mm/r}$ $a_p=2.5\text{mm}$		
6	精车外圆 $\phi38\text{mm}$	T55	$n=800\text{r/min}$ $f=0.1\text{mm/r}$ $a_p=0.4\text{mm}$		
7	切断		$n=500\text{r/min}$	手动	

表 6.7　件 1 工序卡片

单位	产品名称及型号		零件名称	零件图号
			锥度蜗杆轴	
工序	程序编号	夹具名称	使用设备	工件材料
002	O0003	三爪自定心卡盘	SK50	45 钢
工步	工步内容	刀号	切削用量	备注	工序简图

工步	工步内容	刀号	切削用量	备注	工序简图
1	车端面		$n=500\text{r/min}$	手动	
2	粗车外圆 $\phi38\text{mm}$、$\phi30\text{mm}$、$\phi23.8\text{mm}$	T44	$n=500\text{r/min}$ $f=0.25\text{mm/r}$ $a_p=2.5\text{mm}$		
3	精车外圆 $\phi38\text{mm}$、$\phi30\text{mm}$、$\phi23.8\text{mm}$	T55	$n=800\text{r/min}$ $f=0.1\text{mm/r}$ $a_p=0.4\text{mm}$		

续表

工步	工步内容	刀号	切削用量	备注	工序简图
4	切槽	T33	$n=300\text{r/min}$	刀宽4.5mm	
5	车螺纹	T66	$n=300\text{r/min}$ $f=2.0\text{mm/r}$		
6	件2车端面		$n=800\text{r/min}$	手动	
7	切断		$n=500\text{r/min}$	手动	
8	调头车端面、倒角		$n=500\text{r/min}$	手动	

续表

工步	工步内容	刀号	切削用量	备注	工序简图
9	件2倒角		$n=500\text{r/min}$	手动	

6.4　程序编制

教学策略：讲授法、提问法、反馈强化。

对单一圆柱孔配合不同工艺的安排讲解。

6.4.1　学生自主编程(可附表)

编程卡片样式见表6.8。

表6.8　编程卡片

序号	程　序	注　解

续表

序号	程　序	注　解

6.4.2　参考程序

1. 件2加工程序(表6.9)

表6.9　件2加工程序卡片

序号	程　序	注　解
	O0001;	程序号
N1	;	件2加工孔
	G0 G40 G97 G99 S300 T11 M03 F0.1;	切削条件设定
	X19.0 Z2.0;	粗加工起刀点
	G71 U1.0 R0.5;	粗加工复合循环指令及切削循环参数设置
	G71 P10 Q11U−0.3 W0.02;	
N10	G0 G41 X32.0;	
	G01 Z0;	
	X30.0 C1.0;	
	Z−11.0;	所加工部位内孔描述
	X22.0 C1.0;	
	Z−36.0;	
N11	G01 G40 X19.0;	
	G0 X200.0 Z200.0;	粗加工完成后,刀具的退刀点及换刀点
	M05;	主轴停转
N2	;	精加工
	G0 G40 G97 G99 S200 T22 M03 F0.08;	切削条件设定
	X19.0 Z2.0;	轮廓精加工起刀点
	G70 P10 Q11;	轮廓精加工复合循环指令及切削循环参数设置
	G0 X200.0 Z200.0;	精加工完成后,刀具的退刀点及换刀点
	M05;	主轴停转
N3	;	车内螺纹
	G0 G40 G97 G99 S200 T33 M03;	切削条件设定

续表

序号	程　　序	注　　解
	X20.0 Z3.0;	循环点
	G92 X23.0 Z−33.0 F2.0;	循环加工螺纹指令
	X23.5;	螺纹切削
	X23.7	
	X23.8;	
	X23.9;	
	X23.95;	
	X24.0;	
	X24.0;	
	G00 X200.0 Z200.0;	返回换刀点
	M05;	主轴停止
	M30;	程序结束
N1	O0002;	程序号
	;	件2外形粗车
	G0 G40 G97 G99 S500 T33 M03 F0.25;	切削条件设定
	X42.0 Z2.0;	粗加工起刀点
	G71 U2.5 R0.5;	粗加工复合循环指令及切削循环参数设置
	G71 P10 Q11 U0.4 W0.03;	
N10	G0 G42 X20.0;	注意刀具不要与顶夹干涉
	G01 Z0;	所加工部位外轮廓描述
	X38.0 C0.5;	
	Z−33.0;	
N11	G01 G40 X41.0;	
	G0 X200.0 Z200.0;	粗加工完成后,刀具的退刀点及换刀点
	M05;	主轴停转
N2	;	外形轮廓精加工
	G0 G40 G97 G99 S800 T44 M03 F0.1;	切削条件设定
	X42.0 Z2.0;	轮廓精加工起刀点
	G70 P10 Q11;	轮廓精加工复合循环指令及切削循环参数设置
	G0 X200.0 Z200.0;	精加工完成后,刀具的退刀点及换刀点
	M05;	主轴停转
	M30;	程序结束

2. 件1加工程序(表6.10)

表6.10　件1加工程序卡片

序号	程　　序	注　　解
	O0003;	主程序
N1	;	外形轮廓粗加工
	G0 G40 G97 G99 S500 T44 M03 F0.25;	切削条件设定
	X42.0 Z2.0;	粗加工起刀点
	G71 U2.5 R0.5;	粗加工复合循环指令及切削循环参数设置
	G71 P10 Q11 U0.4 W0.03;	

续表

序号	程　　序	注　　解
N10	G0 G42 X0;	所加工部位外轮廓描述
	G01 Z0;	
	X23.8.0 C1.5;	
	Z－20.0;	
	X30.0 C1.0;	
	W－12.0;	
	X3.0 C0.5;	
	W－12.0;	
N11	G01 G40 X41.0;	
	G0 X200.0 Z200.0;	加工完成后,刀具的退刀点及换刀点
	M05;	主轴停转
N2	;	外形轮廓精加工
	G0 G40 G97 G99 S800 T55 M03 F0.1;	切削条件设定
	X42.0 Z2.0;	轮廓精加工起刀点
	G70 P10 Q11;	轮廓精加工复合循环指令及切削循环参数设置
	G0 X200.0 Z200.0;	精加工完成后,刀具的退刀点及换刀点
	M05;	主轴停转
	M00;	程序停止(外圆尺寸检测)
N3	;	切槽
	G0 G40 G97 G99 S800 T33 M03 F0.1;	切削条件设定
	X30.0Z－20.0;	
	G01 X19.0;	
	X25.0;	
	W1.5;	
	X19.0;	
	X25.0;	
	G00 X200.0 Z200.0;	
	M05;	
N4	;	车外螺纹
	G0 G40 G97 G99 S200 T66 M03;	切削条件设定
	X26.0Z3.0;	循环点
	G92 X23.0 Z－16.0 F2.0;	循环加工螺纹指令
	X22.5;	螺纹切削
	X22.1;	
	X21.8;	
	X21.6;	
	X21.5;	
	X21.45;	
	X21.4;	
	X21.4;	
	G00X 200.0 Z200.0;	
	M05;	
	M30;	程序结束

6.5　加工前准备

1. 机床准备(表 6.11)

表 6.11　机床准备卡片

设备检查	机械部分				电器部分		数控系统部分			辅助部分	
	主轴部分	进给部分	刀架部分	尾座	主电源	冷却风扇	电器元件	控制部分	驱动部分	冷却	润滑
检查情况											

注:经检查后该部分完好,在相应项目下打"√";若出现问题及时报修。

2. 其他注意事项

(1) 安装外圆刀时,主偏角成 90°~93°;

(2) 安装镗孔刀时,主偏角成 92°~95°,副偏角 6°左右。

2. 参数设置

(1) 对刀的数值应输入在与程序中该刀具相对应的刀补号中;

(2) 在对刀的数值中应注意输入刀尖半径值和假想刀尖的位置序号。

6.6　实际零件加工

1. 教师演示

(1) 工件的装夹、找正;

(2) 工件装配间隙的测量方法。

2. 学生加工训练

训练中,指导教师巡回指导,及时纠正不正确的操作姿势、解决学生练习中出现的各种问题。

6.7　零件测量

(1) 各外圆的尺寸;

(2) 各孔的尺寸;

(3) 各装配尺寸。

教学策略:讲授法、提问法。

重点讲授内螺纹加工方法以及工件装配时测量配合间隙,以便加深学生的印象。

6.7.1　参考检测工艺

1. 检查件 1、件 2 的外圆尺寸 $\phi 38_{-0.02}^{0}$ mm、$\phi 30_{-0.02}^{0}$ mm 和长度尺寸 (31 ± 0.05) mm、(42 ± 0.05) mm，检查表面粗糙度 $Ra1.6$

用一级精度的外径千分尺对每个外圆尺寸进行测量,根据测量结果和被测外圆的公差要求判断被测外圆是否合格,再旋转主轴 $90°$ 重新测量一次。测量时注意千分尺的使用方法:应使千分尺的测量头轻轻接触被测外圆表面,旋转千分尺的微调棘轮至其响两三下,旋转微调棘轮的同时沿外圆表面摆动千分尺的可活动测量头,找到被测外圆处的最大尺寸。

检查表面粗糙度,用表面粗糙度比较样本进行比较验定。

2. 检查件 2 内孔尺寸 $\phi 30_{0}^{+0.021}$ mm，检查表面粗糙度 $Ra1.6$

用内径百分表对每个孔径进行测量,旋转主轴要在相互垂直的两个部位处各测一次,根据测量结果和被测轴的公差要求判断被测轴是否合格。

检查表面粗糙度,用表面粗糙度比较样本进行比较验定。

3. 检测内外螺纹 M24×2

外螺纹用螺纹环规检测,内螺纹用螺纹塞规检测。

4. 检查装配尺寸

用塞尺来检测配合间隙 $1_{0}^{+0.05}$,塞尺选取通端 1mm,止端选取 1.05mm,选取塞尺测量片时尽量选取片数少,以减少积累误差。用千分尺测量装配总长 (42 ± 0.1) mm。

6.7.2　检测并填写记录表

教学策略:小组互检、个人验证、教师抽验。

首先以小组为单位进行互检,由检测同学按评分表给出一个互检成绩;然后个人对自己加工的工件进行自检,并与互检成绩、检测结果进行比较,从中发现问题尺寸并找出检测出现不同结果的原因,更正出现失误的尺寸环节;最后由教师对学生的零件进行抽样检测,并针对出现的问题集中解释出现测量误差的原因,提出改进的方法。

6.8　加工误差分析及后续处理

1. 教学策略:学生反馈、讲授法、提问法

针对学生出现加工误差并及时反馈的情况,教师进行集中汇总,针对出现的较多情况采用讲授的方法来指导学生了解出现的原因;对于出现概率不大或没有出现的情况,教师采用提问的方法引导学生自主分析加工误差产生的原因。

2. 加工误差分析

在数控车床上进行加工时经常遇到的加工误差有多种,其问题现象、产生的原因、预防和消除的措施见表 6.12。

表 6.12　加工误差及后续处理

问 题 现 象	产 生 原 因	预防和消除
切削过程出现振动	1. 工件装夹不正确 2. 刀具安装不正确 3. 切削参数不正确	1. 检查工件安装,增加安装刚性 2. 调整刀具安装位置 3. 提高或降低切削速度
螺纹牙顶呈刀口状	1. 刀具角度选择错误 2. 螺纹外径尺寸过大 3. 螺纹切削过深	1. 选择正确的刀具 2. 检查并选择合适的工件外径尺寸 3. 减小螺纹切削深度
螺纹牙型过平	1. 刀具中心正确 2. 螺纹切削深度不够 3. 刀具牙型角度过小 4. 螺纹外径尺寸过小	1. 选择合适的刀具并调整刀具中心的高度 2. 计算并增加切削深度 3. 适当增大刀具牙型角 4. 检查并选择合适的工件外径尺寸
螺纹牙型底部圆弧过大	1. 刀具选择错误 2. 刀具磨损严重	1. 选择正确的刀具 2. 重新刃磨或更换刀片
螺纹牙型底部过宽	1. 刀具选择错误 2. 刀具磨损严重 3. 螺纹有乱牙现象	1. 选择正确的刀具 2. 重新刃磨或更换刀片 3. 检查加工程序中有无导致乱牙的原因 4. 检查主轴脉冲编码器是否松动、损坏 5. 检查 Z 轴丝杠是否有窜动现象
螺纹牙型半角不正确	1. 刀具安装角度不正确 2. 刀具刃磨角度有误	1. 调整刀具安装角度 2. 修磨刀具角度
螺纹表面质量差	1. 切削速度不当 2. 刀具中心过高 3. 切屑控制较差 4. 刀尖产生积屑瘤 5. 切削液选用不合理	1. 调整主轴转速 2. 调整刀具中心高度 3. 选择合理的刀具前角,进刀方式及切深 4. 选择合适的切削液并充分喷注
螺距误差	1. 伺服系统滞后效应 2. 加工程序不正确	1. 增加螺纹切削升、降速段的长度 2. 检查、修改加工程序

6.9　课题小结

1. 教学策略：小组汇报、教师总结

通过小组汇报的方式,教师可以以小组为单位了解各组的工件完成情况及存在的问题,并有针对性地提出下一步的教学方案,对操作较好的学生制定出提高方案,对技能情况掌握不理想的学生提出改进意见。

教师以本课题中提出的学习目标总结学生实际掌握的情况及存在的问题,为下一阶段的学习打下基础。

2. 课题考核

(1) 考核方式：日常考核。

(2) 考核要求：首先以课题提出的评分标准为一定的考核依据,同时配合学生实际操作中的不同阶段予以分别考核,如学生的操作规范、工件加工、零件检测等环节。

6.10 综合评价

1. 自我评价(表 6.13)

表 6.13 自我评价表

类别	序号	自我评价项目	结果	A	B	C	D
课题名称			课时				
课题自我评价成绩			任课教师				
编程	1	程序是否能顺利完成加工					
	2	程序是否满足零件的工艺要求					
	3	编程的格式及关键指令是否能正确使用					
	4	程序符合哪种批量的生产					
	5	题目:通过该零件编程你的收获主要有哪些? 作答:					
	6	题目:你设计本程序的主要思路是什么? 作答:					
	7	题目:你是如何完成程序的完善与修改的? 作答:					
工件刀具安装	1	刀具安装是否正确					
	2	工件安装是否正确					
	3	刀具安装是否牢固					
	4	工件安装是否牢固					
	5	题目:安装刀具时需要注意的事项主要有哪些? 作答:					
	6	题目:安装工件时需要注意的事项主要有哪些? 作答:					

续表

类别	序号	自我评价项目	结果	A	B	C	D
操作与加工	1	操作是否规范					
	2	着装是否规范					
	3	切削用量是否符合加工要求					
	4	刀柄和刀片的选用是否合理					
	5	题目:如何使加工和操作更好地符合批量生产? 你的体会是什么? 作答:					
	6	题目:加工时需要注意的事项主要有哪些? 作答:					
	7	题目:加工时经常出现的加工误差主要有哪些? 作答:					
精度检测	1	是否了解本零件测量需要的各种量具的原理及使用方法					
	2	题目:本零件所使用的测量方法是否已掌握? 你认为难点是什么? 作答:					
	3	题目:本零件精度检测的主要内容是什么? 采用了何种方法? 作答:					
	4	题目:批量生产时,你将如何检测该零件的各项精度要求? 作答:					
		(本部分综合成绩)合计:					
自我总结							

学生签字:　　　　　　　　　　　　　　指导教师签字:

　　　　　　　　　年　月　日　　　　　　　　　　年　月　日

2. 小组互评(表 6.14)

表 6.14 小组互评表

序 号	小组评价项目	评 价 情 况
1	与其他同学口头交流学习内容时,是否顺畅	
2	是否尊重他人	
3	学习态度是否积极主动	
4	是否服从教师的教学安排和管理	
5	着装是否符合标准	
6	是否能正确地领会他人提出的学习问题	
7	是否按照安全规范操作	
8	能否辨别工作环境中哪些是危险的因素	
9	是否合理规范地使用工具和量具	
10	是否能保持学习环境的干净整洁	
11	是否遵守学习场所的规章制度	
12	是否对工作岗位有责任心	
13	能否达到全勤	
14	能否正确地对待肯定与否定的意见	
15	团队学习中主动与合作的情况如何	

参与评价同学签名:

年　　月　　日

3. 教师评价

教师总体评价:

教师签字:_____　　　　年　　月　　日

 思考题

1. 在加工圆柱螺纹时为何会产生锥螺纹?
2. 试述加工内螺纹的注意事项。

 练习题

此处提供1组练习件,对应的零件图见图6.5,装配图见图6.6。

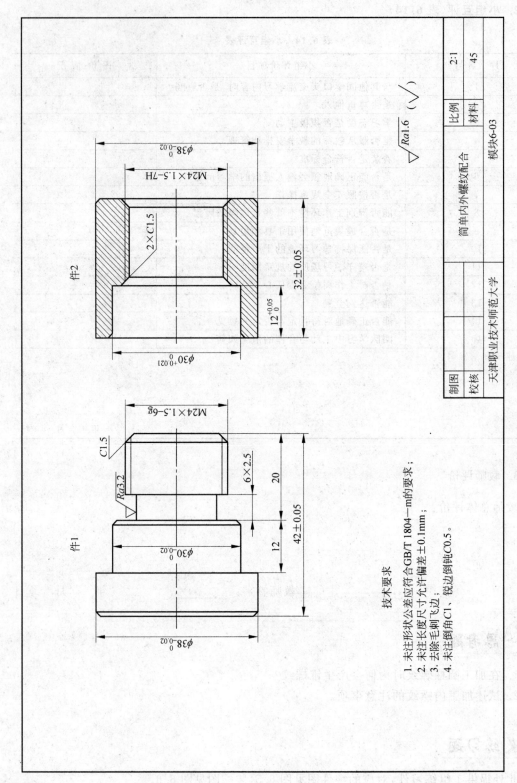

图 6.5　螺纹配合练习件——零件图

技术要求

1. 未注形状公差应符合GB/T 1804—m的要求;
2. 未注长度尺寸允许偏差±0.1mm;
3. 去除毛刺飞边;
4. 未注倒角C1、锐边倒钝C0.5。

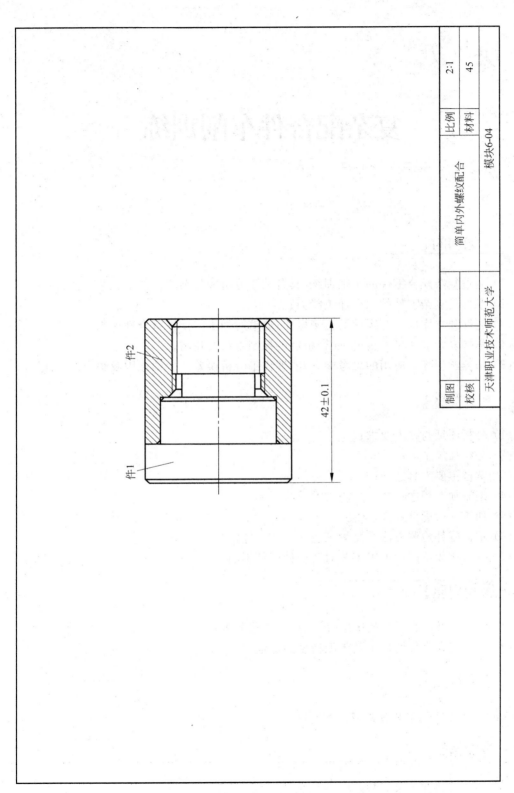

件2

件1

42±0.1

制图		简单内外螺纹配合	比例	2:1
校核			材料	45
天津职业技术师范大学			模块6-04	

图 6.6 螺纹配合练习件——装配图

模块

复杂配合件车削训练

 学习目的

（1）通过复杂配合零件的车削训练，具备独立分析较复杂零件加工工艺的能力；

（2）掌握较复杂零件的综合加工能力；

（3）能够独立完成复杂零件的检测操作，能够对加工零件进行合理评判；

（4）掌握复杂零件尺寸精度、配合精度的控制方法及技巧；

（3）培养学生综合应用的思考能力，能够详细分析误差产生的原因及解决的办法。

 学习要求

（1）分析图纸与技术要求；

（2）分析加工工艺；

（3）掌握主要刀具选择；

（4）编制加工程序；

（5）加工复杂配合零件；

（6）掌握零件检测方法及测量工艺；

（7）分析比较不同的加工工艺对装配精度的影响。

 学习重点

（1）掌握复杂配合零件的图纸分析、加工工艺分析；

（2）学习复杂零件的加工及装配精度的保证。

 学习难点

掌握复杂零件的工艺分析及装配精度。

 教学策略

课堂讲授＋现场演练，讲授法、演练法、互动法。

针对复杂配合零件工艺变化种类多的特点，工艺分析环节可以首先采用互动的方法使同学们展开讨论,随后教师跟进并以课堂讲授的方法提出较为合理的工艺路线,对零件切削用量的选择也进行课堂讲授。

 教师课前准备

1. 教学用具

授课计划、纸质及电子教案、课件、黑板、粉笔、多媒体设备、实物样件等。

2. 教学管理物品

实训过程记录表、实训成绩评价标准、实训报告评分标准、实训室使用记录表、仪器设备维护保养卡等。

3. 演示用具

加工完毕的成品零件一套,百分表及磁力表座一套,找正铜棒一只。

4. 检查实训设备

开机前检查机床外观各部位是否存在异常,如防护罩、脚踏板等部位;检查机床润滑油液是否充足;检查刀架、卡盘、托盘上是否有异物;检查机床面板各旋钮状态;开机后检查机床是否存在报警并完成返回机床参考点操作;检查尾座、套筒是否能够正常使用、移动。

5. 训练用具(表7.1)

表7.1 训练用具

序号	类别	名 称	规 格	备 注
1	材料	45钢棒料	$\phi60mm$	
2	刀具	主偏角93°外圆车刀	25mm×25mm	
		镗孔刀	12mm×12mm×150mm	刀尖角为35°
		外三角螺纹刀	25mm×25mm	
		内沟槽车刀	12mm×12mm×150mm	
		内三角螺纹刀	12mm×12mm×150mm	
		钻头	$\phi18mm$	
3	夹具	三爪自定心卡盘	1~13mm	
		钻夹头		
4	量具	钢直尺	0~150mm	
		螺纹环规	M24×2、M24×1.5	
		螺纹塞规	M24×2、M24×1.5	
		游标卡尺	0~150mm	
		千分尺	25~50mm,50~75mm	
		内径百分表	18~35mm	
		塞尺		
5	工具	卡盘扳手		
		刀架扳手		
		活动扳手	300mm(12英寸)	

学生课前准备

（1）理论知识点准备：装配尺寸链的计算方法。

（2）技能知识点准备：掌握内螺纹车刀的基本刃磨方法，能够独立操作数控车床完成零件的加工。

（3）教材及学习用具：本教材、学习笔记、笔、计算器。

（4）衣着准备：工作服、工作帽、工作鞋。

本模块学习过程如图7.1所示。

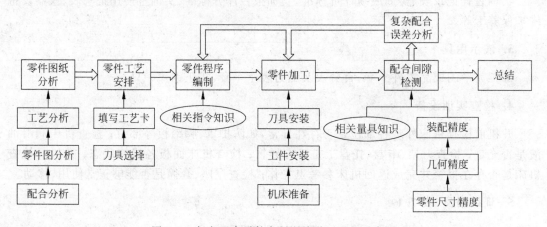

图7.1   复杂配合零件车削训练学习过程示意图

 学习导入

（1）由检查、提问旧知识导入：通过对金属切削及公差配合知识的提问，及时了解学生目前的知识、技能状态。

（2）由生动的实例导入：复杂的配合零件能够使同学产生想亲自制作出来的欲望，由此引入复杂车削训练模块的实训任务。

7.1   图样与技术要求

如图7.2所示复杂配合零件，材料为45钢，规格为φ60mm的圆柱棒料。两个零件所对应的零件图分别如图7.3及图7.4所示，装配图如图7.5所示，所对应的评分表见表7.2。

件1   件2

图7.2   复杂配合零件示意图

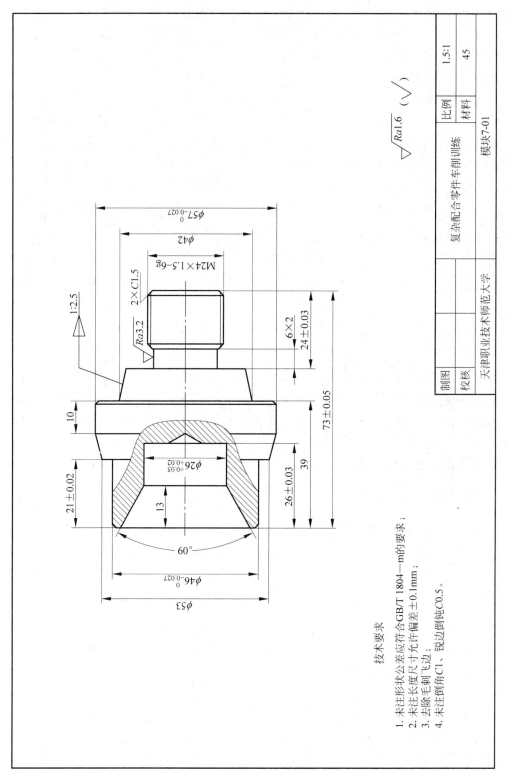

技术要求

1. 未注形状公差应符合GB/T 1804—m的要求；
2. 未注长度尺寸允许偏差±0.1mm；
3. 去除毛刺飞边；
4. 未注倒角C1、锐边倒钝C0.5。

图 7.3 复杂配合零件车削训练——件 1 零件图

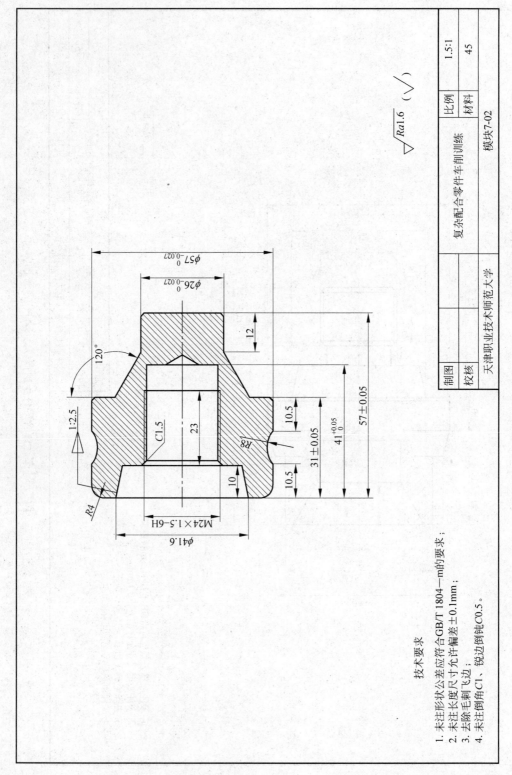

技术要求

1. 未注形状公差应符合GB/T 1804—m的要求；
2. 未注长度尺寸允许偏差±0.1mm；
3. 去除毛刺飞边；
4. 未注倒角C1、锐边倒钝C0.5。

图7.4　复杂配合零件车削训练——件2零件图

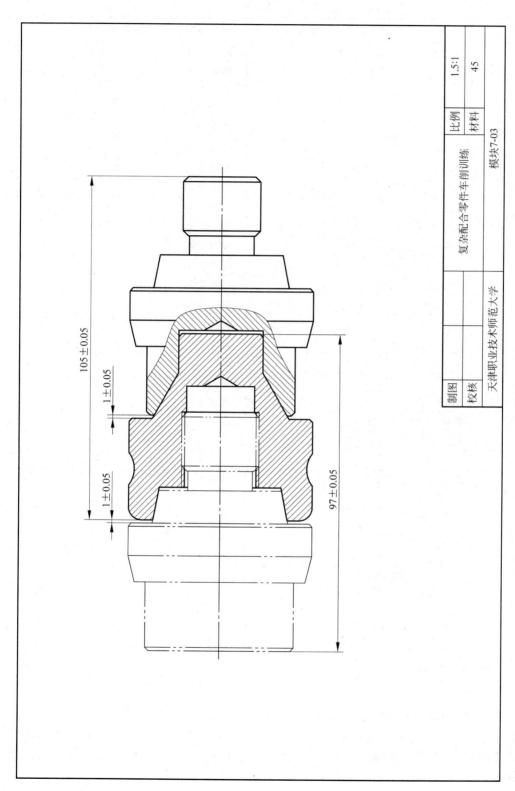

图 7.5 复杂配合零件车削训练——装配图

表7.2 评分表

序号		项目及技术要求	配分(IT/Ra)	评分标准	检测结果	实得分
件1	1	外径 $\phi 57_{-0.027}^{0}$,Ra1.6	4/1	超差全扣		
	2	外径 $\phi 46_{-0.027}^{0}$,Ra1.6	4/1	超差全扣		
	3	内径 $\phi 26_{+0.02}^{+0.05}$,Ra1.6	4/1	超差全扣		
	4	60°	2	超差全扣		
	5	锥度1:2.5	2	超差全扣		
	6	M24×1.5—6g	5	超差全扣		
	7	外径 $\phi 53$	2	超差全扣		
	8	外径 $\phi 42$	2	超差全扣		
	9	长度73±0.05	3.5	超差全扣		
	10	长度24±0.03	3.5	超差全扣		
	11	长度26±0.03	3.5	超差全扣		
	12	长度21±0.02	3.5	超差全扣		
件2	13	外径 $\phi 57_{-0.027}^{0}$,Ra1.6	4/1	超差全扣		
	14	外径 $\phi 26_{-0.027}^{0}$,Ra1.6	4/1	超差全扣		
	15	内径 $\phi 41.6$	2	超差全扣		
	16	120°	2	超差全扣		
	17	锥度1:2.5	2	超差全扣		
	18	M24×1.5—6H	5	超差全扣		
	19	R8、R4 各1处	2×1	超差全扣		
	20	长度57±0.05	3	超差全扣		
	21	长度41 $_{0}^{+0.05}$	3	超差全扣		
	22	长度31±0.05	3	超差全扣		
	23	长度10.5(2处)	2×1	超差全扣		
	24	长度10、12	2×1	超差全扣		
装配	25	配合间隙1±0.05(2处)	2×5	超差全扣		
	26	倒角C1.5(3处)	3	超差全扣		
	27	倒角C1、C0.5(共8处)	4	超差全扣		
	28	形状轮廓完整	3	未完不得		
	29	安全文明生产	2			
		加工工时	180min			

7.2 图纸分析

教学策略:分组讨论、小组汇报、教师总结。

以分组讨论的形式对图纸的各个尺寸、重要部位进行合理分析,小组得出统一图纸分析方案后集中汇总、汇报。教师针对多种不同的图纸分析方案进行总结性分析,提出较为合理的分析结果。

7.2.1　学生自主分析

1. 零件图纸分析

2. 配合图纸分析

3. 工艺分析

1）结构分析

2）精度分析

3）定位及装夹分析

4）加工工艺分析

7.2.2　参考分析

1. 零件图分析

如图 7.3 所示,件 1 的主要元素由 $\phi46$mm、$\phi57$mm 的外圆,M24×1.5 的外螺纹,两个锥面和一个内锥,$\phi26$mm 的内圆组成;件 2 主要的元素由 $\phi57$mm、$\phi26$mm 的外圆内孔,$\phi21.5$mm 螺纹底孔,一个 $R8$mm、$R4$mm 的外圆弧面和 M24×1.5 内螺纹组成;在装配图中有 2 处(1.0±0.05)mm 的配合间隙。

2. 配合分析

该配合件由两个零件组成,如件 1 和件 2 所示。装配图中要求保证两处(1.0±0.05)mm 的配合间隙。

3. 工艺分析

(1) 结构分析:零件结构相对比较复杂,本模块主要是轴、套相互配合件的车削训练。因此在加工时应重点考虑内外螺纹、锥面的配合,编程指令,刀具工作角度,切削用量等问题。

(2) 精度分析:本套训练图主要由一个轴和套组成,训练的精度主要体现在加工完后两个锥面及螺纹的接触及配合间隙。在加工时应合理安排工艺路线,检测时选择合适的量具及检测方法。

(3) 定位及装夹分析:本模块零件采用三爪自定心卡盘进行定位和装夹。工件装夹时的夹紧力要适中,既要防止工件的变形和夹伤,又要防止工件在加工时的松动。工件装夹过程中应对工件进行找正,以保证各项几何公差。

(4) 加工工艺分析:该配合类型为螺纹及圆柱、圆锥面配合,零件 1 右端的外螺纹及外圆锥面与件 2 左端的内螺纹及内圆锥面形成配合。零件 2 右端为外圆柱面与外圆锥面,与零件 1 的左端形成轴孔、锥孔配合。本模块练习的两个工件均有互相配合的元素,所以加工哪一个工件都可以顺利完成配合的效果,按照先加工件 1 进行分析。在加工件 1 时,装夹零件右端,将外轮廓左端 $\phi46$mm 外圆、大端为 $\phi57$mm、小端为 $\phi53$mm 圆锥、$\phi57$mm 的外圆及内轮廓全部元素加工完毕。调头装夹找正后夹持 $\phi53$mm 外圆,加工件 1 右端全部元素至图纸要求。加工件 2 时,先夹持零件右侧,将左侧外轮廓包括 $\phi57$mm 外圆、$R8$mm 凹圆弧及内轮廓中的圆锥和内螺纹等图素全部加工完毕,保证长度尺寸(1±0.05)mm。调头装夹零件 2 左侧,加工右侧全部图形元素至尺寸要求,保证装配尺寸(1±0.05)mm。

7.3　工艺规程设计

教学策略:分组讨论、小组汇报、教师总结。

以分组讨论的形式对零件提出整体的加工方案,小组得出统一方案后集中汇总、汇报。教师针对多种不同的加工方案进行分析,并提出较为合理的工艺路线。

7.3.1 学生自主设计

1. 主要刀具选择（表 7.3）

表 7.3 刀具卡片

刀具名称	刀具规格名称	材料	数量	刀尖半径/mm	刀宽/mm

2. 工艺规程安排（表 7.4）

表 7.4 工序卡片（可附表）

单位		产品名称及型号	零件名称	零件图号
工序号	程序编号	夹具名称	使用设备	工件材料
工步	工步内容	刀号	切削用量	备注	工序简图

7.3.2　参考分析

1. 主要刀具选择(表7.5)

表7.5　刀具卡片

刀具名称	刀具规格名称	材料	数量	刀尖半径/mm	刀宽/mm
主偏角 93°外圆车刀	25mm×25mm	YT15	1	0.2	
45°外圆刀	25mm×25mm	YT15	1	0.2	
镗孔刀	12mm×12mm×150mm	高速钢	1	0.2	
切断刀	25mm×25mm	YT15	1	0.2	4.5
普通外螺纹刀	25mm×25mm	YT15	1		
普通内螺纹刀	12mm×12mm×150mm	高速钢	1		
内沟槽车刀	12mm×12mm×150mm	高速钢	1		
中心钻	A3	高速钢	1		
钻头	ϕ18	高速钢	1		

2. 工艺规程安排(表7.6及表7.7)

表7.6　件1工序卡片

单位		产品名称及型号	零件名称		零件图号	
			复杂配合零件			
工序	程序编号	夹具名称	使用设备		工件材料	
001	O0001、O0002	三爪自定心卡盘钻夹头	SK50		45	
工步	工步内容	刀号	切削用量	备注	工序简图	
1	车端面、钻中心孔,钻 ϕ18mm 底孔		$n=600$r/min $n=800$r/min $n=400$r/min	手动 底孔直径 ϕ18、孔深 23mm		
2	粗车 ϕ57mm、ϕ46mm 外圆、外圆锥	T11	$n=500$r/min $f=0.2$mm/r $a_p=1.5$mm	留 0.5mm 精加工余量		
3	精车 ϕ57mm、ϕ46mm 外圆、外圆锥		$n=800$r/min $f=0.1$mm/r $a_p=0.5$mm			

续表

工步	工步内容	刀号	切削用量	备注	工序简图
4	粗车 $\phi26$mm 内孔、内锥面	T22	$n=400$r/min $f=0.15$mm/r $a_p=1.0$mm	留 0.3mm 精加工余量	
5	精车 $\phi26$mm 内孔、内锥面		$n=600$r/min $f=0.08$mm/r $a_p=0.3$mm		
6	切断		$n=400$r/min	手动	
7	调头装夹找正、车端面		$n=800$r/min	手动	
8	粗车 M24×1.5 的外螺纹轴、外圆锥面	T11	$n=500$r/min $f=0.2$mm/r $a_p=1.5$mm	留 0.5mm 精加工余量	
9	精车 M24×1.5 的外螺纹轴、外圆锥面		$n=800$r/min $f=0.1$mm/r $a_p=0.5$mm		
10	车削螺纹退刀槽	T33	$n=400$r/min $f=0.03$mm/r	手动或自动 刀宽 4.5mm	

续表

工步	工步内容	刀号	切削用量	备注	工序简图
11	车削 M24×1.5 外螺纹	T44	$n=400$r/min $f=1.5$mm/r		

表 7.7　件 2 工序卡片

单位		产品名称及型号	零件名称	零件图号	
			复杂配合零件		
工序	程序编号	夹具名称	使用设备	工件材料	
001	O0001、O0002	三爪自定心卡盘钻夹头	SK50	45	
工步	工步内容	刀号	切削用量	备注	工序简图
1	车端面、钻中心孔，钻 ϕ18mm 底孔		$n=600$r/min $n=800$r/min $n=400$r/min	手动 底孔直径 ϕ18、孔深 23mm	
2	粗车 ϕ57mm 外圆	T11	$n=500$r/min $f=0.2$mm/r $a_p=1.5$mm	留 0.5mm 精加工余量	
3	精车 ϕ57mm 外圆		$n=800$r/min $f=0.1$mm/r $a_p=0.5$mm		
4	车削 $R8$ 凹弧	T44	$n=600$r/min $f=0.1$mm/r	主偏角 93°刀尖角 35°外圆车刀	

续表

工步	工步内容	刀号	切削用量	备注	工序简图
5	粗车内螺纹底孔、内锥面	T22	$n=400\text{r/min}$ $f=0.15\text{mm/r}$ $a_p=1.0\text{mm}$	留0.3mm精加工余量	
6	精车内螺纹底孔、内锥面		$n=600\text{r/min}$ $f=0.08\text{mm/r}$ $a_p=0.3\text{mm}$		
7	车削 M24×1.5 内螺纹	T55	$n=400\text{r/min}$ $f=1.5\text{mm/r}$		
8	切断	T33	$n=400\text{r/min}$ $f=0.03\text{mm/r}$	手动	
9	调头装夹找正、车端面		$n=800\text{r/min}$	手动	
10	粗车 $\phi26$ 外圆、外锥面	T11	$n=400\text{r/min}$ $f=0.15\text{mm/r}$ $a_p=1.5\text{mm}$	留0.3mm精加工余量	
11	精车 $\phi26$ 外圆、外锥面		$n=600\text{r/min}$ $f=0.08\text{mm/r}$ $a_p=0.3\text{mm}$		

7.4　程序编制

教学策略：讲授法、提问法、反馈强化。

对单一圆柱孔配合不同的工艺安排讲解。

7.4.1　学生自主编程(可附表)

编程卡片样式见表7.8。

表7.8　编程卡片

序号	程　　序	注　　解

7.4.2 参考程序

1. 件1加工程序(表7.9)

表7.9 件1加工程序卡片

序号	程序	注解
	O0001;	程序号
N1	;	件1左侧外圆加工
	G0 G40 G97 G99 S500 T11 M03 F0.2;	切削条件设定
	X60.0 Z5.0;	粗加工起刀点
	G71 U1.5 R0.5;	粗加工复合循环指令及切削循环参数设置
	G71 P10 Q11 U0.5 W0.05;	
N10	G0 G42 X17.0;	
	G01 Z0;	
	X46.0 C1.0;	
	Z-21.0;	所加工部位外轮廓描述
	X53.0 C0.5;	
	X57.0 W-8.0	
	Z-80.0	
N11	G01 G40 X60.0;	
	G0 X200.0 Z200.0;	粗加工完成后,刀具的退刀点及换刀点
	M05;	主轴停转
	M00;	程序暂停
N2	;	外轮廓精加工
	G0 G40 G97 G99 S800 T11 M03 F0.1;	切削条件设定
	X60.0 Z5.0;	轮廓精加工起刀点
	G70 P10 Q11;	轮廓精加工复合循环指令及切削循环参数设置
	G0 X200.0 Z200.0;	精加工完成后,刀具的退刀点及换刀点
	M05;	主轴停转
	M00	程序暂停
N3	;	件1左侧内孔加工
	G0 G40 G97 G99 S400 T22 M03 F0.15;	切削条件设定
	X18.0 Z3.0;	循环点
	G71 U1.5 R0.5;	粗加工复合循环指令及切削循环参数设置
	G71 P20 Q21 U-0.3 W0.05;	
N20	G00 G41 X44.0;	
	G01 Z0;	
	X41.011 C0.5;	
	X26.0 Z-13.0;	所加工部位内轮廓描述
	Z-26.0;	
N21	G01 G40 X18.0;	
	G00 Z200.0;	
	X200.0;	返回换刀点
	M05;	主轴停转
	M00;	程序暂停

序号	程　序	注　解
N4		内轮廓精加工
	G0 G40 G97 G99 S600 T22 M03 F0.1;	切削条件设定
	X18.0 Z3.0;	轮廓精加工起刀点
	G70 P20 Q21;	轮廓精加工复合循环指令及切削循环参数设置
	G0 X200.0 Z200.0;	精加工完成后,刀具的退刀点及换刀点
	M05;	主轴停转
	M30;	程序结束
	O0002;	程序号
N1	;	件1右侧外圆加工
	G0 G40 G97 G99 S500 T11 M03 F0.2;	切削条件设定
	X60.0 Z5.0;	粗加工起刀点
	G71 U1.5 R0.5;	粗加工复合循环指令及切削循环参数设置
	G71 P10 Q11 U0.5 W0.05;	
N10	G0 G42 X0;	
	G01 Z0;	
	X23.85 C1.5;	
	Z—24.0;	
	X38.0 C0.5;	所加工部位外轮廓描述
	X42.0 W—10.0;	
	X56.0;	
N11	X60.0 W—2.0;	
	G0 X200.0 Z200.0;	粗加工完成后,刀具的退刀点及换刀点
	M05;	主轴停转
	M00;	程序暂停
N2	;	外轮廓精加工
	G0 G40 G97 G99 S800 T11 M03 F0.1;	切削条件设定
	X60.0 Z5.0;	轮廓精加工起刀点
	G70 P10 Q11;	轮廓精加工复合循环指令及切削循环参数设置
	G0 X200.0 Z200.0;	精加工完成后,刀具的退刀点及换刀点
	M05;	主轴停转
	M00	程序暂停
N3;		加工螺纹退刀槽(手动或自动)
	G0 G40 G97 G99 S400 T33 M03;	切削条件设定
	G00 X39.0;	螺纹退刀槽切削点定位
	Z—24.0;	
	G01 X22.0 F0.03;	切削退刀槽
	X25.0;	退刀
	W1.5;	平移步距
	X22.0;	切削退刀槽
	X25.0;	退刀
	G00 X200.0;	返回刀具的退刀点及换刀点
	Z200.0;	

续表

序号	程　序	注　解
	M05；	主轴停转
	M00；	程序暂停
N4；		加工外螺纹程序
	G0 G40 G97 G99 S400 T44 M03；	切削条件设定
	X26.0 Z3.0；	螺纹切削加工定位点
	G92 X23.2 Z−16.0 F2.0；	循环加工螺纹
	X22.8；	
	X22.5；	
	X21.2；	
	X22.05；	
	X22.05；	
	G00 X200.0 Z200.0；	
	M05；	主轴停转
	M30；	程序结束

2. 件2加工程序（表7.10）

表7.10　件2加工程序卡片

序号	程　序	注　解
	O0003；	程序号
N1	；	件2左侧外圆加工
	G0 G40 G97 G99 S500 T11 M03 F0.2；	切削条件设定
	X60.0 Z5.0；	粗加工起刀点
	G71 U1.5 R0.5；	粗加工复合循环指令及切削循环参数设置
	G71 P10 Q11 U0.5 W0.05；	
N10	G0 G42 X17.0；	所加工部位外轮廓描述
	G01 Z0；	
	X57.0 R4.0；	
	Z-64.0；	
N11	G01 G40 X60.0；	
	G0 X200.0 Z200.0；	粗加工完成后,刀具的退刀点及换刀点
	M05；	主轴停转
	M00；	程序暂停
N2	；	外轮廓精加工
	G0 G40 G97 G99 S800 T11 M03 F0.1；	切削条件设定
	X60.0 Z5.0；	轮廓精加工起刀点
	G70 P10 Q11；	轮廓精加工复合循环指令及切削循环参数设置
	G0 X200.0 Z200.0；	精加工完成后,刀具的退刀点及换刀点
	M05；	主轴停转
	M00	程序暂停
N3	；	加工 R8 凹圆弧程序
	G0 G40 G97 G99 S600 T44 M03 F0.1；	切削条件设定

序号	程　　序	注　　解
	G00 X65.0;	
	Z-10.5	切削定位点
	G01 X57.0;	进刀
	G02 X57.0 W-10.0 R8.0;	圆弧切削
	G01 X65,	退刀
	G00 X200.0 Z200.0;	粗加工完成后,刀具的退刀点及换刀点
	M05;	主轴停转
	M00;	程序暂停
N4		件2左侧内孔加工
	G0 G40 G97 G99 S400 T22 M03 F0.15;	切削条件设定
	X18.0 Z3.0;	循环点
	G71 U1.5 R0.5;	粗加工复合循环指令及切削循环参数设置
	G71 P20 Q21 U-0.3 W0.05;	
N20	G00 G41 X44.0;	
	G01 Z0;	
	X41.6 C0.5;	
	X37.6 Z-10.0;	所加工部位内轮廓描述
	X22.5 C1.5	
	Z-41.0;	
N21	G01 G40 X18.0;	
	G00 Z200.0;	
	X200.0;	返回换刀点
	M05;	主轴停转
	M00;	程序暂停
N5		内轮廓精加工
	G0 G40 G97 G99 S600 T22 M03 F0.1;	切削条件设定
	X18.0 Z3.0;	轮廓精加工起刀点
	G70 P20 Q21;	轮廓精加工复合循环指令及切削循环参数设置
	G0 X200.0 Z200.0;	精加工完成后,刀具的退刀点及换刀点
	M05;	主轴停转
	M30;	程序结束
N6		加工内螺纹程序
	G0 G40 G97 G99 S400 T55 M03;	切削条件设定
	X21.0 Z3.0;	螺纹切削加工定位点
	G92 X23.0Z-16.0 F2.0;	
	X23.4;	
	X23.7;	
	X23.9;	循环加工螺纹
	X24.0;	
	X24.0;	
	G00 X200.0 Z200.0;	
	M05;	主轴停转
	M30;	程序结束

续表

序号	程 序	注 解
	O0004;	件2右侧加工程序
N1	;	件2右侧外圆加工
	G0 G40 G97 G99 S500 T11 M03 F0.2;	切削条件设定
	X60.0 Z5.0;	粗加工起刀点
	G71 U1.5 R0.5;	粗加工复合循环指令及切削循环参数设置
	G71 P10 Q11 U0.5 W0.05;	
N10	G0 G42 X0;	
	G01 Z0;	
	X26.0C1.0;	
	Z−12.0;	所加工部位外轮廓描述
	X42.166 Z−26.0;	
	X55.0;	
	X59.0 W−2.0;	
N11	G01 G40 X60.0;	
	G0 X200.0 Z200.0;	粗加工完成后,刀具的退刀点及换刀点
	M05;	主轴停转
	M00;	程序暂停
N2	;	外轮廓精加工
	G0 G40 G97 G99 S800 T11 M03 F0.1;	切削条件设定
	X60.0 Z5.0;	轮廓精加工起刀点
	G70 P10 Q11;	轮廓精加工复合循环指令及切削循环参数设置
	G0 X200.0 Z200.0;	精加工完成后,刀具的退刀点及换刀点
	M05;	主轴停转
	M30	程序结束

7.5 加工前准备

1. 机床准备(表7.11)

表7.11 机床准备卡片

	机械部分				电器部分		数控系统部分			辅助部分	
设备检查	主轴部分	进给部分	刀架部分	尾座	主电源	冷却风扇	电器元件	控制部分	驱动部分	冷却	润滑
检查情况											

注:经检查后该部分完好,在相应项目下打"√";若出现问题及时报修。

2. 其他注意事项

(1)安装外圆刀时,主偏角成 90°~93°;

(2) 安装镗孔刀时,主偏角成 92°~95°,副偏角 6° 左右。

3. 参数设置

(1) 对刀的数值应输入在与程序中该刀具相对应的刀补号中;

(2) 在对刀的数值中应注意输入刀尖半径值和假想刀尖的位置序号。

7.6　实际零件加工

1. 教师演示

(1) 工件的装夹、找正;

(2) 工件装配间隙的测量方法。

2. 学生加工训练

训练中,指导教师巡回指导,及时纠正不正确的操作姿势,解决学生练习中出现的各种问题。

7.7　零件测量

(1) 各外圆的尺寸;

(2) 各孔的尺寸;

(3) 各装配尺寸。

教学策略:讲授法、提问法。

重点讲授内螺纹加工方法以及工件装配时测量配合间隙,以便加深学生的印象。

7.7.1　参考检测工艺

1. 检查件 1、件 2 的外圆尺寸 $\phi 57_{-0.027}^{0}$ mm、$\phi 46_{-0.027}^{0}$ mm、$\phi 26_{-0.027}^{0}$ mm 和长度尺寸 (73±0.05)mm、(57±0.05)mm、(31±0.05)mm、(24±0.03)mm,并检查表面粗糙度 *Ra*1.6

用一级精度的外径千分尺对每个外圆尺寸进行测量,根据测量结果和被测外圆的公差要求判断被测外圆是否合格,再旋转主轴 90°,重新测量一次。

检查表面粗糙度,用表面粗糙度比较样板进行比较验定。

2. 检查件 1 内孔尺寸 $\phi 26_{+0.02}^{+0.05}$ mm、内孔 60° 圆锥,检查表面粗糙度 *Ra*1.6

选用 18~35mm 内径百分表检测 $\phi 26_{+0.02}^{+0.05}$ mm 内孔尺寸,采用万能角度尺或钳工角度样板检测内圆锥。

3. 检查件 1 外圆锥、外螺纹与件 2 内圆锥、内螺纹

选用万能角度尺检测外圆锥,利用 M24×1.5－6H 外螺纹塞规与 M25×1.5－6g 内螺纹环规检测内外螺纹尺寸。

4. *R*8 凹圆弧

选用 *R*8 圆弧样板,采用光隙法检测凹圆弧。

5. 检查装配尺寸

用塞尺来检测配合间隙(1±0.05)mm,塞尺选取通端 0.95mm,止端选取 1.05mm,选取塞尺测量片时尽量选取片数少,以减少积累误差。

7.7.2　检测并填写记录表

教学策略:小组互检、个人验证、教师抽验。

首先以小组为单位进行互检,由检测同学按评分表给出一个互检成绩;然后个人对自己加工的工件进行自检,并与互检成绩、检测结果进行比较,从中发现问题尺寸并找出检测出现不同结果的原因,更正出现失误的尺寸环节,最后由教师对学生的零件进行抽样检测,并针对出现的问题集中解释出现测量误差的原因,提出改进的方法。

7.8　加工误差分析及后续处理

1. 教学策略:学生反馈、讲授法、提问法

针对学生出现加工误差并及时反馈的情况,教师进行集中汇总,针对出现的较多情况采用讲授的方法来指导学生了解出现的原因;对于出现几率不多或没有出现的情况,教师采用提问的方法引导学生自主分析加工误差产生的原因。

2. 加工误差分析

在数控车床上进行加工时经常遇到的加工误差有多种,其问题现象、产生的原因、预防和消除的措施见表 7.12。

表 7.12　加工误差及后续处理

问题现象	产生原因	预防和消除
切削过程出现振动	1. 工件装夹不正确 2. 刀具安装不正确 3. 切削参数不正确	1. 检查工件安装,增加安装刚性 2. 调整刀具安装位置 3. 提高或降低切削速度
螺纹牙顶呈刀口状	1. 刀具角度选择错误 2. 螺纹外径尺寸过大 3. 螺纹切削过深	1. 选择正确的刀具 2. 检查并选择合适的工件外径尺寸 3. 减小螺纹切削深度

续表

问题现象	产生原因	预防和消除
螺纹牙型过平	1. 刀具中心正确 2. 螺纹切削深度不够 3. 刀具牙型角度过小 4. 螺纹外径尺寸过小	1. 选择合适的刀具并调整刀具中心的高度 2. 计算并增加切削深度 3. 适当增大刀具牙型角 4. 检查并选择合适的工件外径尺寸
螺纹牙型底部圆弧过大	1. 刀具选择错误 2. 刀具磨损严重	1. 选择正确的刀具 2. 重新刃磨或更换刀片
螺纹牙型底部过宽	1. 刀具选择错误 2. 刀具磨损严重 3. 螺纹有乱牙现象	1. 选择正确的刀具 2. 重新刃磨或更换刀片 3. 检查加工程序中有无导致乱牙的原因 4. 检查主轴脉冲编码器是否松动、损坏 5. 检查 Z 轴丝杠是否有窜动现象
螺纹牙型半角不正确	1. 刀具安装角度不正确 2. 刀具刃磨角度有误	1. 调整刀具安装角度 2. 修磨刀具角度
螺纹表面质量差	1. 切削速度不当 2. 刀具中心过高 3. 切屑控制较差 4. 刀尖产生积屑瘤 5. 切削液选用不合理	1. 调整主轴转速 2. 调整刀具中心高度 3. 选择合理的刀具前角,进刀方式及切深 4. 选择合适的切削液并充分喷注
螺距误差	1. 伺服系统滞后效应 2. 加工程序不正确	1. 增加螺纹切削升、降速段的长度 2. 检查、修改加工程序

7.9 课题小结

1. 教学策略：小组汇报、教师总结

通过小组汇报的方式,教师可以以小组为单位了解各组的工件完成情况及存在的问题,并有针对性地提出下一步的教学方案,对操作较好的学生制定出提高方案,对技能情况掌握不理想的学生提出改进意见。

教师以本课题中提出的学习目标总结学生实际掌握的情况及存在的问题,为下一阶段的学习打下基础。

2. 课题考核

(1) 考核方式：日常考核。

(2) 考核要求：首先以课题提出的评分标准为一定的考核依据,同时配合学生实际操作中的不同阶段予以分别考核,如学生的操作规范、工件加工、零件检测等环节。

7.10 综合评价

1. 自我评价(表 7.13)

表 7.13 自我评价表

类别	序号	自我评价项目	结果	A	B	C	D
课题名称			课时				
课题自我评价成绩			任课教师				
编程	1	程序是否能顺利完成加工					
	2	程序是否满足零件的工艺要求					
	3	编程的格式及关键指令是否能正确使用					
	4	程序符合哪种批量的生产					
	6	题目:通过该零件编程你的收获主要有哪些? 作答: 题目:你设计本程序的主要思路是什么? 作答:					
	7	题目:你是如何完成程序的完善与修改的? 作答:					
工件刀具安装	1	刀具安装是否正确					
	2	工件安装是否正确					
	3	刀具安装是否牢固					
	4	工件安装是否牢固					
	5	题目:安装刀具时需要注意的事项主要有哪些? 作答:					
	6	题目:安装工件时需要注意的事项主要有哪些? 作答:					

续表

类别	序号	自我评价项目	结果	A	B	C	D
操作与加工	1	操作是否规范					
	2	着装是否规范					
	3	切削用量是否符合加工要求					
	4	刀柄和刀片的选用是否合理					
	5	题目：如何使加工和操作更好地符合批量生产？你的体会是什么？ 作答：					
	6	题目：加工时需要注意的事项主要有哪些？ 作答：					
	7	题目：加工时经常出现的加工误差主要有哪些？ 作答：					
精度检测	1	是否了解本零件测量需要的各种量具的原理及使用					
	2	题目：本零件所使用的测量方法是否已掌握？你认为难点是什么？ 作答：					
	3	题目：本零件精度检测的主要内容是什么？采用了何种方法？ 作答：					
	4	题目：批量生产时,你将如何检测该零件的各项精度要求？ 作答：					
		(本部分综合成绩)合计：					
自我总结							

学生签字：

　　年　　月　　日

指导教师签字：

　　年　　月　　日

2. 小组互评（表 7.14）

表 7.14 小组互评表

序　号	小组评价项目	评 价 情 况
1	与其他同学口头交流学习内容时,是否顺畅	
2	是否尊重他人	
3	学习态度是否积极主动	
4	是否服从教师的教学安排和管理	
5	着装是否符合标准	
6	是否能正确地领会他人提出的学习问题	
7	是否按照安全规范操作	
8	能否辨别工作环境中哪些是危险的因素	
9	是否合理规范地使用工具和量具	
10	是否能保持学习环境的干净整洁	
11	是否遵守学习场所的规章制度	
12	是否对工作岗位有责任心	
13	能否达到全勤	
14	能否正确地对待肯定与否定的意见	
15	团队学习中主动与合作的情况如何	

参与评价同学签名:

年　　月　　日

3. 教师评价

教师总体评价:

教师签字:＿＿＿＿＿＿　　　年　　月　　日

思考题

1. 工件装夹中如何控制径向跳动与轴向偏摆?
2. 装配配合中,间隙控制的方法有哪些?

练习题

此处提供 1 组练习件,对应的零件图见图 7.6 及图 7.7,装配图见图 7.8 及图 7.9。

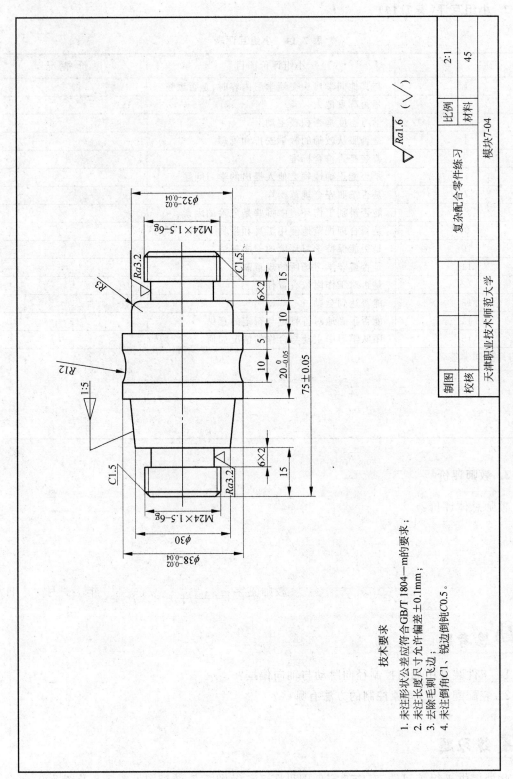

图 7.6 复杂配合零件练习——件 1 零件图

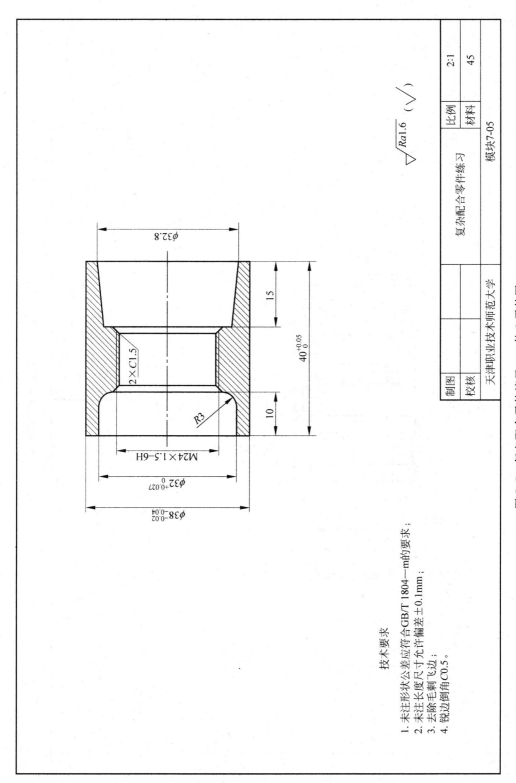

技术要求

1. 未注形状公差应符合GB/T 1804—m的要求；
2. 未注长度尺寸允许偏差±0.1mm；
3. 去除毛刺飞边；
4. 锐边倒角C0.5。

图 7.7　复杂配合零件练习——件 2 零件图

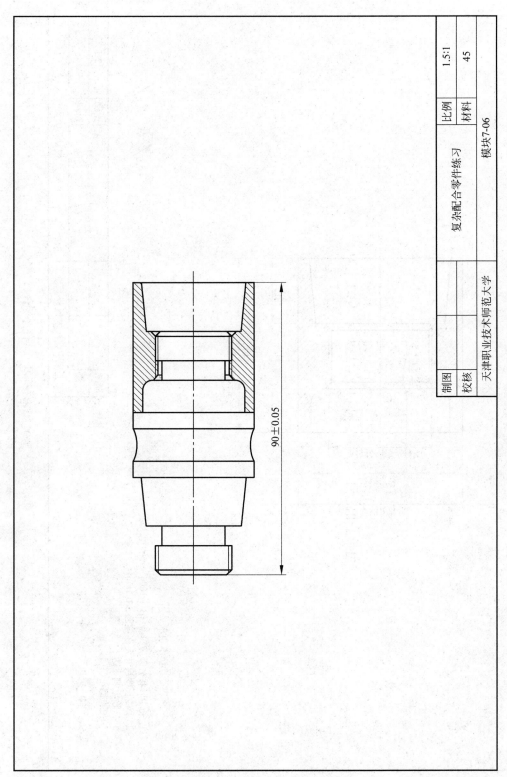

图 7.8 复杂配合零件练习——装配图 1

		复杂配合零件练习	比例	1.5:1
制图			材料	45
校核				
	天津职业技术师范大学		模块7-06	

90±0.05

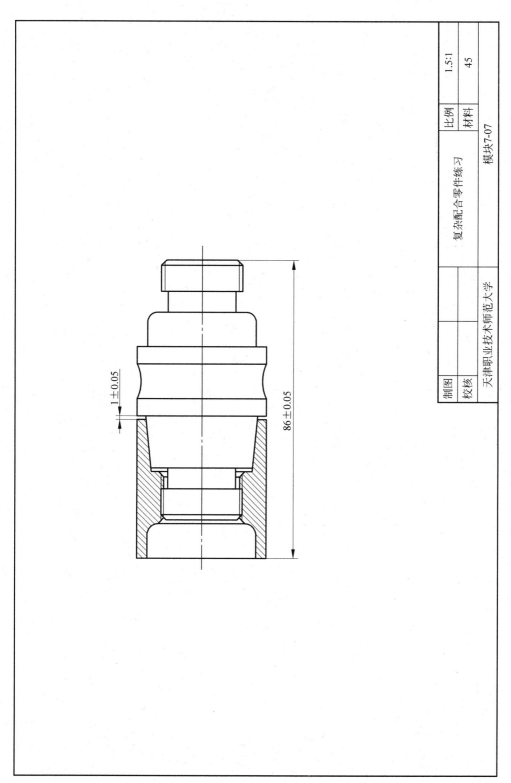

图 7.9　复杂配合零件练习——装配图 2